现代生态环境保护与环境法研究

刘雪婷◇著

北京工业大学出版社

图书在版编目（CIP）数据

现代生态环境保护与环境法研究 / 刘雪婷著．— 北京：北京工业大学出版社，2022.1
ISBN 978-7-5639-8260-8

Ⅰ．①现… Ⅱ．①刘… Ⅲ．①生态环境保护－研究－中国②生态环境保护－环境保护法－研究－中国 Ⅳ．①X321.2 ②D922.680.4

中国版本图书馆 CIP 数据核字（2022）第 026816 号

现代生态环境保护与环境法研究

XIANDAI SHENGTAI HUANJING BAOHU YU HUANJINGFA YANJIU

著　　者：刘雪婷
责任编辑：张　贤
封面设计：知更壹点
出版发行：北京工业大学出版社
（北京市朝阳区平乐园 100 号　邮编：100124）
010-67391722（传真）　bgdcbs@sina.com
经销单位：全国各地新华书店
承印单位：唐山市铭诚印刷有限公司
开　　本：710 毫米 ×1000 毫米　1/16
印　　张：8.75
字　　数：175 千字
版　　次：2023 年 4 月第 1 版
印　　次：2023 年 4 月第 1 次印刷
标准书号：ISBN 978-7-5639-8260-8
定　　价：72.00 元

作者简介

刘雪婷，女，1989年1月出生，湖南省邵阳市人。毕业于湖南大学，硕士，现为邵阳学院讲师、邵阳市法学会会员、邵阳市作家协会会员。研究方向：信息安全法，环境法，民商法。主持并完成湖南省科研项目三项、邵阳市科研项目课题四项，发表论文十余篇。2016年公派到湖南省哲学社会科学教学科研骨干研修班学习，为2019年湖南师范大学国内访问学者。

Preface
前言

随着人口的快速增长及社会经济的迅猛发展，人类对资源的需求量逐渐增大，资源过度利用及开发方式不合理的现象频发，使得原本自然环境较差的地区受到外界的干扰后，自然调节及恢复能力更差。日益严重的生态环境问题已成为社会发展的绊脚石。

作为发展中国家，我国正面临着发展经济和保护环境的双重任务，并且在全面推进现代化建设的过程中将保护环境作为基本国策之一，把实现可持续发展作为一项重要战略。同时，随着我国可持续发展战略的实施，与之相关的法律法规也应同步匹配，基于此，有必要对生态环境保护与环境法进行研究。

全书共七章。第一章为绪论，主要阐述了环境及其组成、环境问题与人体健康、生态环境保护的重要性、国内外生态环境保护的发展历程；第二章为地球环境与生态系统，主要阐述了环境生态学、生态系统、生态平衡、生态学在环境保护中的应用；第三章为环境法的基本理论述说，主要阐述了环境法释义、环境法的理论基础、环境法的基本原则；第四章为自然资源利用与保护法，主要阐述了土地资源的利用与保护法、水资源的利用与保护法、矿产资源的利用与保护法、森林资源的利用与保护法；第五章为生态环境污染与防治法，主要阐述了大气污染与防治法、水污染与防治法、土壤污染与防治法、噪声污染与防治法、固体废物污染与防治法；第六章为生态环境监测与质量评价，主要阐述了生态环境监测、生态环境质量评价、环境影响评价；第七章为生态环境保护与可持续发展，主要阐述了生态环境保护的权利、义务与责任体系以及生态环境保护可持续发展的策略。

为了确保研究内容的丰富性和多样性，笔者在写作过程中参考了大量理论与研究文献，在此向涉及的专家、学者表示衷心的感谢。

最后，限于笔者水平，本书难免存在一些不足，在此恳请读者批评指正！

Contents
目录

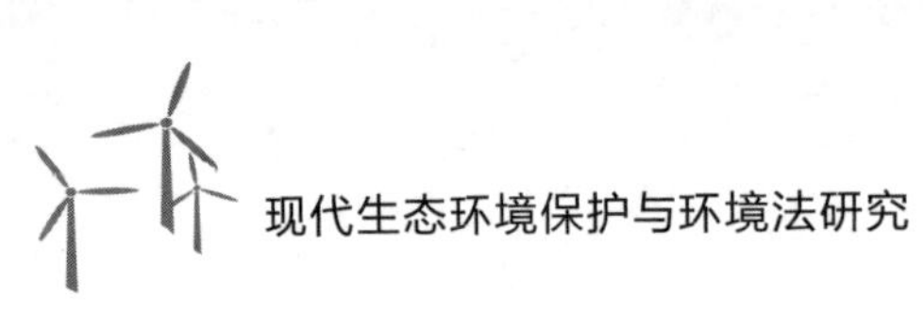

第一章　绪　论

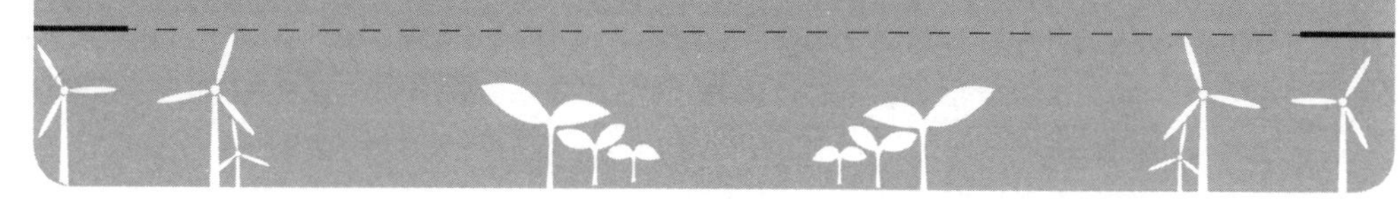

在我国生态脆弱区面积大、分布广、自我修复能力差的大环境下，科学认识生态环境并对其进行优化调控，是促进生态环境与经济协调发展的重要手段，亦是生态文明建设的迫切需求，因此，开展生态环境研究十分必要。本章包含环境及其组成、环境问题与人体健康、生态环境保护的重要性、国内外生态环境保护的发展历程四部分。主要包括环境的概念、环境污染对人体健康的危害、生态保护与治理的必要性等内容。

第一节　环境及其组成

一、环境的概念

（一）环境

人类的产生和发展，依赖于自然环境为人类提供的必要的物质条件。18 世纪哲学家孔德把环境系统概括起来，称为“环境”；19 世纪社会学家斯宾塞把环境概念引入社会学。20 世纪 60—70 年代，环境科学逐渐脱离多个学科而形成独立的学科体系。当代环境科学研究的环境范畴，主要是指人类的生存环境，可以概括为：“作用在以人为中心客体上的，一切外界事物和力量的总和，既包括自然因素，又包括社会因素和经济因素。”法律规定的环境是以人为中心的自然因素和人为因素的总体。《中华人民共和国环境保护法》第二条明确规定："本法所称环境，是指影响人类生存和发展的各种天然的和经过人工改造的自然因素的总体，包括大气、水、海洋、土地、矿藏、森林、草原、湿地、野生生物、自然遗迹、人文遗迹、自然保护区、风景名胜区、城市和乡村等。"环境地球物理学涉及的环境是以人类为中心的各种天然和经过人工改造的自然因素，包括岩石圈（土壤）、水圈、生物圈、大气圈，直至宇宙空间。

（二）人居环境

关于人居环境的含义，不同的学者从不同的视角对其做了具体阐释。在人居环境研究的萌芽阶段，道萨迪亚斯在20世纪中期创立了人类聚居学。他清晰明确地指明人类聚居涵盖自然、人类、社会、建筑、支撑网络五个元素。基于此，20世纪末期，我国建筑师吴良镛提出了"人居环境科学"，并在《人居环境科学导论》一书中将人居环境定义为：人居环境是人类聚居生活的地方，是与人类生存活动密切相关的地表空间，它是人类在大自然中赖以生存的基地，是人类利用自然、改造自然的主要场所。从范围上可以简化为全球、区域、城市、社区（村镇）、建筑五大层次。

广义的人居环境是指人类的居住系统，由物理环境、社会环境和经济环境三部分组成。狭义的人居环境特指人的生产生活的空间，包括日常活动场所、社交场所和与自然接触的空间。除此之外，不同领域的学者从不同角度进行了分析。从资源意义上来说，人居软环境包括社会经济发展水平、教育和医疗服务、信息化程度等；人居硬环境包括住房条件、交通出行便利程度、基础设施等。从生态美学意义上来说，人类居住的环境除了要满足基本的起居需求，还要在建筑风格上满足人们的审美需求。概而言之，人居环境指的是人类赖以生存的自然地理环境、居住环境和社会文化环境的总称。其涵盖人类居住环境卫生、居住条件、公共基础设施、教育和文化基础等各方面。

（三）生态环境

"生态环境"这一汉语名词最早由俄语单词"экотоп"和英语单词"ecotope"翻译而来。若以生物为主体，生态环境可定义为"对生物生长、发育、生殖、行为和分布有影响的环境因子的综合"；若以人类为主体，生态环境可定义为"对人类生存和发展有影响的自然因子的综合"。生态环境质量是指生态环境的优劣程度，是由相互制约、相互联系的各种污染要素与社会要素构成的综合体，反映了人类生存和经济发展对其影响的程度。工业革命以来，科技的进步大大解放了人类的生产力，人类对自然资源的需求和消耗达到了历史新高度。全球经济迅猛发展，现代化进程大大加快，但同时也带来了一系列如资源枯竭、物种消失、空气污染等问题，制约了人类对美好生活的追求。如何促进经济与生态协调发展，实现绿色发展、可持续发展成为全世界学者共同的研究话题。

基于不同的学科和角度，生态环境主要分为两种概念：一种是空气、水资源、土壤等纯粹自然的生态环境，另一种是生物活动与自然生态因子的一种互动关系，代表的是人为影响的生态因子。生态环境代表的不仅仅是一种自然环境，在一定程度上更是一个整体。但是对于不同的主体，生态环境有不同的含义，当围绕人类活动展开研究时，生态环境更多的是指与人类活动息息相关的，在一定范围内空气、土壤、动植物、水源等组成的整体的生态环境系统。随着经济社会的发展，从不同角度研究生态环境时，又有广义和狭义之分，广义上的生态环境包括人类生态环境、动植物生态环境等，主要是指对生物的成长产生影响的生态因子的总和。从狭义上来说，城市生态环境是指与城市主体有关的生态环境，以及与人类活动直接相关的环境因子的总和。城市是人类活动的主要聚集地，城市中各类主体之间的生态关系是十分复杂的。城市生态环境主要是指人类的工作、社会生产、城市的建设等对自然环境的改造活动，是以人为中心的生态环境。

二、环境的组成

环境通常分为自然环境与社会环境。自然环境指未经过人的加工改造而天然存在的环境，包括人类生存的空间及其可以直接或间接影响人类生活和发展的各种自然因素，同时给人类提供保障健康的一些自然条件，如适时适宜的光照、干净的大气等。这些对维持正常的代谢、调整体温、提高免疫力、促进成长发育具有重要作用。但其中也存在很多危害人类身体健康的因素，比如，自然灾害、恶劣的天气、威胁人类安全的飞禽异兽、自然存在的化学物质、地壳运动以及自然存在的放射性物质，等等。伴随社会的发展，人类不断地改造自然环境，预防各种恶劣的环境和不利因素，但还是有很多危害是我们人类不能控制的。

自然环境按环境要素又可分为大气环境、水环境、土壤环境、地质环境和生物环境等主要指地球的五大圈——大气圈、水圈、土圈、岩石圈和生物圈。

环境科学所研究的社会环境是人类在自然环境的基础上，通过长期有意识的社会劳动所创造的人工环境，它是人类物质文明和精神文明发展的标志，并随着人类社会的发展不断丰富和演变，是经过人的加工改造所形成的环境或人为创造的环境。人工环境与自然环境的区别，主要在于人工环境对自然物质的形态做了较大的改变，使其失去了原有的面貌。

社会环境受自然的规律以及经济、社会规律的制约。其发展的质量代表着人类物质文明及精神文明的成熟程度。

第二节　环境问题与人体健康

一、环境问题

人类文明的进步与发展离不开对资源的消耗，由此，经济发展与生态环境之间产生了矛盾。曾经被强调的"人定胜天""改造自然"等发展理念遭到了大自然的疯狂报复：1998 年发生的特大洪水灾害，使过亿人口受灾，造成的直接经济损失达 1500 亿元；2013 年起全国多地雾霾天气频发，随后的 5 年的时间里由大气污染造成的国民经济损失达 6000 亿元；而水土流失、土地荒漠化也造成人地矛盾愈加突出。历史一次次地告诫我们，人类社会必须重新审视与自然环境之间的关系，遵守顺应自然、尊重自然、保护自然的法则和社会发展规律，利用现代化科学技术，合理配置资源，实现人类与自然生态环境和谐发展。

从依靠自然到适应自然，从改造自然到保护自然，人类经历了数千年的实践，经济发展的背后是日益短缺的自然资源、备受破坏的生态环境，日益严重的生态危机已经成为构建人类命运共同体亟须解决的问题。

（一）全球森林面积减少

通过对 2010—2019 年的全球森林面积数据的对比分析可以看出，全球森林面积整体呈减少趋势，全球的森林资源面临着严重的危机。到 2018 年底，全球森林总面积约占全球陆地总面积的 25.60%。全球森林 NPP（植被净初级生产力）总量约占全球植被 NPP 总量的 55.44%。2000—2018 年，全球森林覆盖面积减少近 1 亿公顷，净减少量占全球森林总面积的 0.44%。

森林面积总体呈下降趋势，不同国家、不同地域的森林面积在自身的地理条件、国家森林相关政策、自然灾害等因素的影响下，呈现不同的变化趋势，但森林总面积的下滑趋势不可忽视。森林的减少直接弱化了自身的功能，加剧了全球生态危机的态势，在此态势下，仍有部分国家忽视森林保护、无所作为。2019 年，

“地球之肺”——亚马孙雨林燃烧超过3个星期，不论是雨林本身，还是雨林中的生物多样性都遭到了破坏，但相关国家并未进行积极救援，反而沉默对待。

亚马孙雨林频频遭受自然与人力的破坏，2013—2019年，森林火灾多达9300起，无数小型林火接连不断，给森林生态带来了巨大危害。过度采伐、疏于维护是现今多数国家对森林资源的主要态度，人为破坏是森林面积减少的主要原因。相对而言，中国重视森林生态，林业科技发达，人工造林面积长期居于世界首位，森林总面积逐年增加，2000—2018年，中国森林面积增长率为26.90%。在全球森林总面积逐年减少之时，中国森林面积却在逐年增加，中国以实际行动维护生态环境，铸造美丽家园。

（二）土地退化状况不平衡

土地退化是当今世界严重的生态危机之一，受经济、政治、文化等因素的影响而引发的土地过度利用与不适当开发导致了土地侵蚀、盐渍化乃至土地荒漠化现象的出现。通过对2000—2018年全球土地退化与改善恢复数据的分析可以看出，土地的退化与改善在全球范围内是一个较平衡的发展状态，各大洲退化态势扩展和加重的土地总面积达1609.59万km^2，约占全球陆地总面积的11.95%，而改善和恢复的土地总面积为1647.62万km^2，约占全球陆地总面积的12.23%，二者基本持平，且改善的面积要更大一些。但从各大洲的具体情况来看，土地退化呈现区域严重失衡的状态。

另外，亚洲、欧洲、大洋洲和北美洲的土地改善和恢复的面积远多于退化的面积，其中，土地面积最大的亚洲得到改善的土地面积高达901.16万km^2；南美洲、非洲的情况恰恰相反，土地改善与恢复的面积远低于退化态势扩展和加重的面积，占六大洲土地退化态势加重面积的76.99%，土地退化现象严重。

为了保证自己能够生存，人类通过增加土地开垦面积来稳定生产总量，进而形成恶性循环，使得土地退化问题愈加严重。土地退化相对较轻的区域在生态环境、科学技术、经济发展上都具有更强的竞争能力，通过一定措施可以改善土地质量，维持生态平衡；而处于干旱、半干旱地区的居民，由于政治、经济、生态状况受限，且需要不断开垦土地保证生存，使得土地退化现象更加严重。这就造成了土地生态系统相对良好的国家，土地退化趋势不断扭转与改善；而土地退化严重的国家，形势更加严重，土地退化速度日益加快。这种两极分化加重了全球性的生态危机，严重违背了人类命运共同体的发展宗旨。

（三）全球气候变暖问题严重

全球气候变暖是全球共同面临的生态危机之一。多年来，全球CO_2（二氧化碳）浓度不断增加，地球表面出现了更加严重的温室效应，海平面也在逐年上升，气候异常所带来的持久性的、连锁性的洪涝灾害，生物多样性减少等问题更加严峻，持续威胁人类的生存与发展。

从重点国家的CO_2排放量具体数据来看，2010—2017年中国CO_2排放量总体呈上升趋势，但CO_2排放增速趋缓，即CO_2排放强度不断下降；美国与欧洲主要国家的CO_2排放量总体呈缓慢下降趋势。发达国家与发展中国家在CO_2排放量上有不同的发展态势。发达国家现代化程度较高，对生态问题研究得较早，在改善生态上取得了一定的进展，通过生态立法、转变经济发展方式等缓解生态失衡、净化环境。例如，瑞典颁布了全球第一部环境保护法典——《环境保护法典》；英国最早以政府文件形式提出了发展低碳经济，在2003年发布了能源白皮书《我们能源的未来：创建低碳经济》。发达国家在生态保护上有着深厚的基础和优势，与其相比，发展中国家生态环境保护形势不容乐观，虽然认识到生态环境的重要性，并试图缓解生态危机，但多数国家深陷经济发展的旋涡，对工业依赖较大，对生态的持续破坏超过了恢复的程度，甚至有部分国家仍然将经济发展建立在牺牲环境的基础上。

（四）生物多样性减少

生物的多样性作为生态环境的重要组成部分，现今也面临着重要的危机，动植物正在以远超过去的速度减少。2020年，世界自然保护联盟（IUCN）发布的濒危物种红色名录上已经有了超过12万个物种。在2019年，已灭绝物种为882种，野外灭绝物种为77种，极度濒危物种为6811种。濒危物种最多的国家是马达加斯加，有2999个濒危物种，其中2234种都是植物。中国濒危物种为1214种，其中有77种哺乳动物，96种鸟类，47种爬行动物，122种两栖动物，15种软体动物，148种鱼类，631种植物和8种菌藻类等。这种生物多样性的锐减是与人为因素密不可分的，人类的捕杀等行为加速了生物的灭绝，也将自己置于危机之中。维护生物多样性，改善人类生存环境，缓解生态危机是构造人类命运共同体的必然选择。

全球生态危机不是一个国家的危机，日益严重的生态危机威胁着整个人类的长远发展。当前，多数国际制度源自第二次世界大战后西方国家的集体设计，从目标到组织结构，从运行机制到实际功能，无不体现和贯彻了西方国家的政治理念与利益诉求。人类命运共同体立足于国际发展现状，秉持“和合与共”“协和万邦”的传统理念，试图将中国智慧、中国的发展成果惠及全世界。但至今为止，国际协同合作机制未能构建，国家间的合作共赢体系也未建成，如何追求全球范围的共同价值仍是人类命运共同体构建中急需解决的问题。

二、环境与人体健康

（一）健康权

健康权是国际人权法和很多国家的宪法中明确规定的一项基本人权。人们很容易理解健康权蕴含的环境内容：良好的环境条件包括干净的空气和水、安全和营养的食物以及适当的卫生条件对健康至关重要，而被污染的环境对人们的健康状况有着明显的消极影响。世界卫生组织 1946 签署的《世界卫生组织宪章》宣布：“享有可能获得的最高标准的健康是每个人的基本权利之一，不因种族、宗教、信仰、经济及社会条件而有区别。”这是健康权首次被宣布为基本人权。此后，几项国际人权文书都规定了健康权的内容。经济、社会和文化权利委员会在《关于健康权的第 14 号评论》中对健康权进行了更广泛的解释，它指出健康权不仅包括改善人们生活的经济要素，还扩展至影响健康的各种决定性因素，比如食品、住宿、饮用水以及健康的环境。该文件清楚地表明健康权的享有完全取决于健康的环境条件，它将健康权以一种明确的方式与环境联系在一起，将保护环境视为享有这项权利的必要前提。一些区域的人权制度也明确承认了健康权。

（二）环境健康

环境健康，表征的是通过调查以及评价来对环境状况进行分析，再通过预防以及控制等手段，来消除环境污染对人群健康所带来的危害。该概念中涵盖了环境污染以及公众健康这两个方面。对于前者而言，从官方的表述来说，其表征着人类进行直接或间接排放的污染，跟环境的自净水平不相平衡，从而也就导致了环境质量出现下降，对人群的生存以及发展都造成了不良影响。具体包含了水、大气等污染。

其实一些西方的学者在 19 世纪末 20 世纪初期为了跟随现代公众健康事业不断上升的进程，已经提出了“新公众健康”这一观点，从而将公众健康的研究具体化。现阶段生产力的发展渐渐让人们意识到，环境改变与疾病二者之间有着某种关系。

（三）生态系统健康

“健康”一词是医学界用来描述人类身体状况的词汇，最早是由美国生态学家利奥波德于1941年延伸到生态环境领域，并提出了“土地健康”这一概念，他认为健康的土地在人类利用过程中仍能保持自身的功能。在20世纪80年代，人们对“土地健康”展开深入研究，并正式形成了“生态系统健康”的理论，随即成为各国学者研究的热点。其中，谢弗等在1988年提出健康的生态系统是指本身没有受到任何损害、各组织结构均完好的系统；瑞普等在1995年提出系统的稳定性与可持续性是判断系统是否健康的重要标准，并于1999年将人类社会的因素引入其中。

我国学者对生态系统健康的研究起步较晚，但在国外研究的基础上发展很快，学者各有自己独到的见解。肖风劲等于2002年提出健康的生态系统应同时满足以下条件：一是能够对外部不利条件做出相应的抵抗并且具有恢复性；二是结构、功能均较稳定且不会威胁到其他系统；三是不受风险因素的影响；四是具备经济可行性；五是能够正常维持系统内其他生物的健康。赵广琦等于2005年提出生态系统健康评价应从系统活力、组织结构稳定性及自身恢复力三方面来评判。朱建刚等在前人研究的基础上提出生态系统健康评价研究是一门复杂的跨学科科学，需要生态学、环境学、经济学、社会学等学科领域的学者共同参与。

生态系统健康评价研究自产生发展至今仍无定论，但其内涵逐渐清晰，随着科技的进步及理论的成熟，其内涵也在不断丰富与发展。

（四）我国环境健康的相关政策

对我国来说，环境政策的制定，主要的目的是对环境健康进行管制。比如《“健康中国2030”规划纲要》《国民经济和社会发展第十三个五年规划纲要》《国家环境与健康行动计划（2007—2015）》《“十三五”生态环境保护规划》《国务院关于加强环境保护重点工作的意见》《国务院关于实施健康中国行动的意见》等。制定它们的根本目的是对环境健康方面的事项进行规定，主要包含了目标和基本方针。同时，也包含较为具体的考核目标、相关管理人员的职责分工等。在该领域，我国也首先制订了行动规划，为《国家环境与健康行动计划（2007—2015）》。其核心要义是对环境健康相关的工作细节进行了精细规定。

三、环境污染对人体健康的危害

（一）大气污染对人体健康的危害

我国长期以煤为主的能源消费结构在带来经济快速增长的同时，也让我国付出了高昂的环境污染代价，特别是近年来频发的“雾霾”，不仅覆盖面广，而且对公众健康的威胁也较为严重。

在2013年之后，我国出现了很多持续性的雾霾现象，覆盖25个省份100多个城市，直接受影响的总人口达6亿。雾霾作为主要的污染源，渐渐变成了威胁人们健康的罪魁祸首，极容易引发呼吸系统以及其他方面的疾病，具体包括以下疾病。① 支气管哮喘。近年来，该病的发病率每年都在增加。② 慢性阻塞性肺疾病。其出现的主要原因在于颗粒物的吸入，而这种颗粒通常都是有害的。③ 心脑血管疾病。通常来说，该种疾病是死亡率最高的疾病。④ 肺癌。该病的出现，也跟空气污染在现阶段不断加剧有关。

（二）水污染对人体健康的危害

中国污水排放总量远远超过了环境容量，我国在水质方面的检测数据显示，其中COD（化学需氧量）的整体承载力仅仅为740.9万吨，但是在全国范围进行的相关调查显示，该排放指标的实际值达到了3028.96万吨，比环境承载能力值的4倍还要多。水受到污染对人体的危害一般有以下几个方面。① 引起急性和慢性中毒。受到污染的水会通过食物链到达人体，最终造成急性或慢性中毒。比较常见的有甲基汞中毒、镉中毒以及氰化物中毒等。② 致癌作用。根据相关统计，全球水体中已经识别的有机化合物有2000多种，其中，饮用水中含769种，包括26种致癌物、18种促癌物、45种致突变物。水中还含有大量的有毒的无机物和重金属，比如自来水处理过程中产生的氯代烃类。不同的致癌物质会在不同程度上对不同癌细胞进行刺激，引发疾病。如果长期饮用含有这些物质的水，会大大增加人们的患癌率和死亡率。③ 以水为媒介的传染病。生活废水中所排出的生物性污染物进入人体，会极大地增加人们患细菌性肠道传染病的概率，如伤寒、痢疾、霍乱等。据世界卫生组织统计，全球每年死于霍乱、痢疾等由水污染引发的传染病的人数超过500万。某些寄生虫病也可以通过水流进行传播，对人类的安全、健康造成威胁。④ 间接影响。水资源的污染对人的危害除了上述直接影响之外，还会引起一系列间接影响。如某些控制在一定标准的污染物虽然对人体的健康没

有直接危害，但是会对水的味道、颜色等方面产生影响，造成异味、异色等问题，阻碍水的正常使用。同时，相关标准下的铜、锌的含量会对微生物的生长繁殖造成影响，进而降低整个水资源系统的自净能力，引发相关的问题。

第三节　生态环境保护的重要性

一、生态环境保护与治理的必要性

处理与生态环境之间的关系是人类生存和发展的必修课。相较于人类社会，自然界的复杂性有过之而无不及。自然界在为人类提供生产和生活资料的同时，其反噬效应理应引起人类对自然生态的敬畏之心。全球生态保护与治理的必要性首先表现为当前人类社会所面临的生态环境形势使然。近年来，许多因为人类活动的不当而引发的自然灾害愈发频繁。地震、山洪、泥石流以及传染病等区域性或全球性事件频发，其所造成的各方面损失难以估量。联合国环境规划署（UNEP）2019 年 3 月发布的《全球环境展望》显示，近年来环境问题日益成为阻碍经济发展的因素，世界因污染造成的福利损失总量年均达 4.6 万亿美元，相当于全球经济产出的 6.2%。面对人类社会与自然环境之间的关系，我们必须清楚地认识到，“自然进程很显然不是基于人类行为之上的，相反，自然为人类的生活打下基础，并且决定了它的可能性与限制”。

全球生态保护与治理的必要性还表现为世界各国重新反思工业化发展道路的需要。产业革命后，西方工业化道路主导全球经济的发展。在“人类主宰自然”观念的引导下，人类为发展经济不得不以牺牲自然环境为代价。相对于经济增长的可观绩效，环境破坏不过是在所难免的小问题，人们甚至认为环境是经济收入增加后才会被需要的奢侈品。随着工业化的全球扩张，过度开发利用自然资源不仅造成了经济发展的不可持续，还极度恶化了人类的生存环境。以“征服自然”为口号的经济增长模式将人与自然武断割裂，生态系统的强烈报复使得传统的工业化发展道路难以为继。习近平总书记强调，“人与自然是生命共同体，人类必须尊重自然、顺应自然、保护自然。人类只有遵循自然规律才能有效防止在开发利用自然上走弯路，人类对大自然的伤害最终会伤及人类自身，这是无法抗拒的规律”。工业化的发展道路将自然进行绝对的商品化，这种只关注短期经济效益的短视行为严重忽视了长期的发展后果。实际上，自然资本对经济的持续增长至关重要，保护和增加自然资本对国家和全球发展战略而言都是极其重要的。

宇宙只有一个地球，人类共有一个家园，没有任何一个主权国家能够单枪匹马地应对全球性的生态问题。正是由于生态环境问题的这一基本属性，我们在根本上呼吁全球性的“协同”治理。理论的论证和历史的经验均已表明，当国际体系处于“混沌点”的时候，对未来前景具有关键形塑作用的抉择通常意义重大。当代国际体系转型的特征之一，是国际体系自主性的式微，并正在走向一个各领域、各层次都空前相互依存的“协作式”国际体系。全球的繁荣稳定要求世界各国同舟共济、共渡难关。

全球生态保护与治理需要世界人民的集体智慧与共同实践。充分发挥世界各国政府和人民以及各类国际关系行为体的积极性、主动性和创造性，对于人类命运共同体的成功构建具有重要意义。

二、生态环境保护对我国发展的重要性

改革开放以来，在经济持续高速增长的同时，中国的生态问题也日益凸显，生态环境的日趋恶化严重制约了中国经济的可持续发展。随着中国特色社会主义建设进入新时代，中国加快了生态文明建设的步伐，从借鉴西方发达国家生态保护与治理的经验，到积极参与全球生态治理，再到提出并践行“人类命运共同体”的理念，中国始终秉承交流互鉴、共建共治、互利共赢的生态治理理念，与各国建立双边或多边环境保护关系，不断引领国际生态合作。中国不仅在自身的生态文明建设中取得了辉煌的成就，而且也为推动全球生态治理提供了中国智慧和中国方案。作为全球影响力日益提升的发展中大国，中国在全球生态保护与治理中发挥着越来越重要的作用，并正以积极的姿态主动参与全球范围内的各种环境保护与生态治理活动，严格履行自身在全球生态治理中的职责，与各国分享自身的治理经验，成为构建人类命运共同体的主要推动力量。

习近平总书记在提出“绿水青山就是金山银山”的理论时，已经表明了对生态环境保护的态度。“我们既要绿水青山，也要金山银山”是在环境保护的基础上发展经济；“宁要绿水青山，不要金山银山”是在选择上突出了理论的重点；“而且绿水青山就是金山银山”也已经表明中国生态环境保护的思路。“绿水青山就是金山银山”生动形象地阐述了经济与环境之间的辩证关系，为美丽中国建设和生态文明建设提供了理论指导和思想指引。“绿水青山就是金山银山”不仅有重大理论价值，也具有实践意义。同时我们也应看到，“绿水青山”和“金山银山”的关系并不是完全对立的，如何调整“两山”之间的关系，主要在于调整发展思路，改变

发展模式。经济发展不能完全依赖于破坏生态环境，不能竭泽而渔；而生态保护工作也不能完全舍弃经济发展，要追求“两山”之间的均衡发展，坚持新发展理念，深刻认识生态环境的重要性，要有意识地保护生态环境，改善生态环境。经济的快速发展不能以牺牲生态环境为代价，我们要坚持新发展理念，加强对生态环境的保护，让良好的生态环境成为经济发展的动力，成为人民幸福生活的支点。

第四节　国内外生态环境保护的发展历程

一、国外生态环境保护的发展历程

20 世纪 60 年代，环境问题逐渐映入人们的眼帘并被重视起来，随后各种环境治理理论相继被提出并应用于实践。同时，关于环境污染与环境治理的讨论一直未曾停滞，其理论演进也在不断地变迁。总体来看，演进的过程可以分为起步、兴起、发展和成熟四个阶段。

1960—1980 年为起步阶段，面对工业化导致的严重的环境污染问题，各国纷纷通过召开会议和制定法律的途径进行应对。尤其是 1962 年蕾切尔·卡森的《寂静的春天》一书的出版，更是唤醒了人们对人与自然关系的新认知，环境问题的讨论逐步波及全球各个国家。虽然这个阶段人们已经认识到环境问题的重要性，但关于环境治理的理论雏形还未形成，仅仅表现为各种环境治理方面的呼吁和尝试性的实践。然而，正是这些呼吁和先行实践为后续的环境治理理论构建提供了动力和土壤。1980—1990 年为兴起阶段，学者们对海洋、大气、土壤等特定领域的环境问题进行反思并总结经验，将环境治理视作技术性的环境管理问题，并将环境问题以各领域为界限切割开来进行应用性的研究，重点关注末端治理中的政府应对措施，主要在政府职能和治理路径方面进行了初步的理论探索。20 世纪 90 年代为发展阶段，学者们已认识到环境问题并非单一领域的问题，而是一个整体性和全局性的问题。不同系统、不同区域的环境问题会相互影响，个案研究和末端治理都无法从根本上解决环境问题，必须加强跨地区乃至全球性的合作才能有效解决环境问题。随即全球联合治理、可持续发展等理念被研究者们深入讨论，环境问题的治理研究已由点转向面，由单一治理转向防治结合，并整体转向可持续发展方向。2000 年以后为成熟阶段，环境问题的性质、治理模式等成为研究焦点。“协同治理理论”“社会生态系统适应性治理理论”“多中心治理理论”成为现代环境治理理论的核心组成部分，并对环境治理理论的演进产生了强烈的推动作用。此后，合作治理（共治）理念的提出将环境治理理论进一步向前推动，使得现阶段的研究转向了制度创新、机制创新的新局面。

二、国内生态环境保护的发展历程

当人们使用自然资源的个体或集体行为造成生态环境退化，威胁到生态系统的可持续性，产生了影响人类福祉的副作用后，生态环境治理引起了人们的广泛关注。

受国内社会发展阶段和国际形势的影响，1973 年第一次全国环境保护会议的召开拉开了中国环境治理事业的序幕。基层环境治理实践的起步同中央层面相比更为迟缓些，一度存在摇摆反复或持观望态度的情况。尽管 1974 年国家级环保机构即国务院环境保护领导小组办公室成立，环境保护正式列入政府职能范围，而后中央层面机构的沿革从环保办到部门内的环保局再到国家环保局，国家层面的制度和法律相继颁布，但是，直到 1984 年国务院印发的《关于环境保护工作的决定》明确要求各级地方人民政府成立相应的环保机构，全国范围内直抵基层的环保职能部门才陆续建立并固定下来。1989 年试行十年的《中华人民共和国环境保护法》正式颁布，根据该法规定，基层人民政府对本辖区内的环境质量负责。1996 年《国务院关于环境保护若干问题的决定》进一步要求实行“环境质量行政领导负责制”，明确了基层行政领导的环保责任。

党的十九大报告提出了构建“共建共治共享”的社会治理理念和人与自然和谐共生的生态文明建设理念。在此背景下，各级政府对生态环境保护的认识逐渐加深、保护力度逐渐加大、举措逐渐落实、推进速度逐渐加快、成效逐渐变好。但我国面临的生态环境治理任务仍很艰巨，特别是跨区域生态环境治理问题仍未得到彻底解决。

生态环境治理实质上在于引导和激励人类的行动，避免环境污染和生态退化等后果，最终实现生态环境的保护与可持续发展等。特别是环境变化的成本和收益难以平等地分配在行为体之间，带来了环境结果的受益者与受损者，这种结果的产生往往同既有的社会结构和权力格局相连，又将不可避免地放大或缩小现存的社会和经济不公。

专门致力于处理环境问题的治理体制即环境体制，涉及包括权利、规定、决策过程等在内的一系列制度安排。具体而言，常见的环境问题包括直接涉及环境资源开发利用的集体行动问题、环境副作用的外部性问题、由治理体系决定的分配问题等。命令、控制型管制、环境税、交易许可证、自愿协议等手段都在环境治理工具箱中。

三、国内环境保护的治理方向

（一）多元治理

从现有文献来看，学者们对“多元治理”基本内涵的理解并不统一，存在一些细节上的差异，但就最根本的治理主体问题和治理手段问题，基本达成了共识。一方面，多元治理的主体是多元的，不仅包括政府，还包括社会组织、市场组织、社会民众等；另一方面，多元治理的手段是复合的，比如在公共物品供给方面，除了政府通常采用的行政手段和市场手段以外，还存在市场组织采用的市场手段，还有社会组织采用的市场手段以及社会动员手段。从多元治理的内涵本质来看，政府作为唯一主导力量的行政管理体制的合理性被彻底打破，政府把部分公共物品供给的职责给了市场和社会，并得以从繁杂的事务中解脱出来，更好地发挥全局性统筹协调的作用；公民由政府行为的相对方转为参与社会治理，公民与政府的关系转为管理与被管理、服务与被服务、监督与被监督的多重关系；社会治理责任承担方式也由政府单方面承担转向政府、市场、社会共同承担。共治的思想由来已久，其实践也遍布多个领域。

多元共治在国家治理体系和治理能力现代化的背景下被提出，又被赋予了更为丰富的内涵，它是一个多维的概念，包括以下几点。① 治理主体多元。具体包括哪些主体，不同学者的理解并不相同，其中，执政党、政府、人大、政协、司法机关、人民团体、社会组织、企业组织、大众媒体、民众等都被不同的学者纳入共治的主体中来，但诸多研究都将众多主体概括归纳为政府、市场、社会三大类。② 共治方式多元。诸如不同主体间的对话、协商、集体行动、竞争、合作等皆为共治的方式，其中公私合作是多元共治的主要方式，这种方式是对传统方式的极大突破。③ 共治客体多元。如宏观方向的政治、经济、文化等治理，追求单一片面的经济治理，可能导致经济治理与政治、文化治理脱节，进而产生严重的社会问题；微观亦是如此，共治客体的多元强调了协同的重要性。④ 共治结构多元。无论是国家、社会还是家庭，任何组织结构都需要治理，且治理因结构相异而不同。比如纵向结构更注重系统治理，而横向结构更注重组织与区域治理，且治理结构往往被认为能够反映多元治理的本质特征。

部分学者对多元治理和多元共治两个概念的认知比较笼统，甚至认为两个概念的内涵和外延完全重叠。实质上，多元治理与多元共治是两个不同的概念。多元治理更强调治理主体的多元化，而多元共治显示了更为宽泛的维度，不仅强调主体的多元化，还强调方式、对象、结构的多元化。多元治理和多元共治所反映和聚焦的社会关系并不相同，多元治理更多地关注同类治理主体之间或非同类治理主体之间的关系，比如府际关系、政企关系、政社关系；多元共治在关注治理主体间的关系以外，还关注国家公权力和民间私权利的关系、国家法律与民间规范的关系、自主治理与共同治理间的关系等。由此，多元共治是比多元治理内涵更丰富、外延更广阔的概念。多元共治概念的提出也更加适合当前国家治理体系和治理能力现代化的时代要求。

党的十九大提出的"生态环境多元共治"是基于治理理论的环境治理新理念，其实质是对政府、企业、社会公众进行深层次的统合，并以此构建多主体参与、负责、共享的生态环境治理新格局，它更强调治理主体的多元特征和协同特征。生态环境多元共治理念的提出为解决日益复杂化的环境治理问题提供了新的方向。从历史演进的角度来看，构建生态环境多元共治机制既是我国新发展阶段应对长期性、全局性、复杂性生态环境问题的客观反映，也是克服单一治理弊端进而推进和实现生态环境治理现代化的必然要求。

在特定的体制环境下，我国长期保持了以政府为主导的单一化管制型环境治理方式，主要是采用带有刚性特征的行政命令手段（包括政治、经济、法律路径）对环境主体行为进行严格规制。这种单一化、强制化的干预对环境污染末端治理较为有效，但对更倾向于环境风险防控的治理新理念而言，"政府权威治理"的方式不但加重了政府治理的成本，而且制约了企业、公众参与环境治理的能动性。此背景下，政府加强与企业、公众等多元主体的合作便成为一种现实选择。

生态环境资源作为公共物品具有公共性、外部性和整体性特征，公共性特征意味着所有社会主体都置身在环境之中，都应秉承保护和治理环境的责任，因而生态环境治理需要不同社会主体的参与；外部性导致了市场机制调节失效，需要多元共治的制度设计来促使不同治理主体沟通、协调、互动，并在环境政策实施过程中互相配合、协同推进，促使外部性内部化；整体性决定了生态环境不能人为划分份额和独立占有，环境保护和治理必须按照自然生态的整体性、系统性及其内在规律要求，进行整体保护、系统修复和综合治理。由此，环境多元共治必然成为环境外部性内部化处理的最佳选择。关于治理主体主要分为以下几部分。

1. 政府主体

基层政府的环境质量责任范围方面，呈现出降低模糊性、增强精准化以及守住底线的发展趋势。2014年修订后的《中华人民共和国环境保护法》(以下简称《环保法》)明确规定了地方各级人民政府的环境质量责任，具体要求也在简单的原则性表述“采取有效措施，改善环境质量”前面增加了“根据环境保护目标和治理任务”，而且提出重点区域如果没有达到国家环境质量标准，该地方政府需要制订限期整治规划、采取措施保证整改效果、实现按期达标。同时，该修订版《环保法》对基层政府的农村环境保护方面的责任做了明确阐述，农村环境保护公共服务水平的提高和农村环境综合整治由县乡级政府来推动，同时农村生活废弃物处置工作归县级人民政府负责组织。

2. 企业主体

1989年《环保法》制定之时国内普遍对环境治理的技术水平与制度安排所知尚浅，企业主体责任只列出了对工业企业的技术改造、排放污染物申报登记、缴纳超标准排污费并负责相关治理。2014年新修订的《环保法》中以列举的方式明确了企业主体的责任、权利和义务，企业应当接受相关部门的现场检查，执行“三同时”制度，建立环境保护责任制度，安装使用监测设备，缴纳排污费，按照排污许可证排污，污染物排放不得超标或超总量，公开排污信息，制订突发环境事件预案；企业不能未批先建，不能以暗管等其他逃避监管的方式违法排污，严重污染环境的设备和产品的生产、销售、转移、使用都不被允许。农业污染方面不得向农田施入不符合标准的污染物，不得生产或使用国家明令禁止的农药。企业依法享有的权利包括陈述申辩、申请听证、提起行政复议和环境行政诉讼，环境治理较好的企业在一定条件下享受财政支持、税收优惠、价格补贴等。

3. 社会主体

在表达与监督权方面，1989年的《环保法》原则性规定了保护环境是一切单位和个人应尽的义务，检举、控告污染和破坏环境的单位及个人是其权利。2014年的《环保法》中规定了公民、法人和其他组织不仅可以向环保主管部门及相关部门举报“任何单位和个人的污染环境和破坏生态行为”，而且有权将发现的不依法履行职责的县级政府环保及相关部门举报至上级机关或者监察机关，同时接受举报的机关要遵守“举报人保护原则”。新闻媒体可以对环境违法行为、各类生态环境破坏问题、突发环境事件进行曝光以进行舆论监督。知情权方面，修订版《环保法》中明确“公民、法人和其他组织依法享有获取环境信息、参与和监督环境保护的权利”，对环境质量、环境监测、突发环境事件以及环境行政许可、行政处罚、排污费的征收和使用情况知情权的实现主要靠配套的县级政府主体相关信息公开制度来保障。

参与权方面，公众还可以通过参与环境保护主管部门组织的征求意见、问卷调查、座谈会、专家论证会、听证会等方式参与环境保护活动。2014年的《环保法》规定了县级政府每年应当将负责区域内的环境状况和环保目标完成情况向县人民代表大会或者人民代表大会常务委员会报告，及时向县级人民代表大会常务委员会报告重大环境事件并接受其监督。另外，各级地方政府也相应制定并公开了《环保领域信访问题法定途径清单》，列出了包括环保业务类、复议诉讼类、信访类、非环保部门职能类在内的四大类别下具体的环境信访受理范围，以进一步保障公民的参与权。

（二）跨域环境治理

跨域治理理念是对组织理论、公共选择理论、新区域主义以及新公共管理理论的整合创新。国内外关于跨域治理的学术研究当中，学者们对“域”的理解和界定并不统一。国外的文献当中，与跨域治理相关的概念有“区域治理”“都会区治理”“广域行政”“整体政府”“协同政府”“跨部门协作”“网络化治理”“复合辖区”“多中心治理”等，但以“跨界治理”为题进行表述的文献居多；国内的多数文献则把对跨域治理的基本内涵理解作为研究的逻辑起点，促成了“地理域”与“组织域”的认知分野。以李长宴等为代表的学者将跨域治理视为跨越不同范围的行政区域，建立协调、合作的治理体制，以解决区内地方资源与建设不协调的问题。这种“地理域”视角下的跨域治理定义强调跨域治理要件，突出跨域治理中的地理域或界线，但未论及跨域治理兴起的缘由以及跨域治理的目的。以张成福等为代表的学者提出，跨域治理是指两个或两个以上的治理主体，包括政府（中央政府和地方政府）、企业、非政府组织等，基于对公共利益和公共价值的追求，共同参与和联合治理公共事务的过程。这种“组织域”视角下的跨域治理定义强调了政府、市场、社会等多元主体之间互动谈判、协商合作并实现共同治理的内在关系，这种关系可能基于法律授权、地理毗邻、业务相似或者治理客体的特殊性，与地理（行政区）界线并无必然的关联。在这两种认知以外，学者丁煌、马奔等认为，“为应对跨区域、跨部门、跨领域的社会公共事务和公共问题，政府、私人部门、非营利组织、社会公众等治理主体需携手合作建立伙伴关系，综合运用法律规章、公共政策、行业规范、对话协商等治理工具，共同发挥治理职能”，他们试图建立一个融合“地理域”与“组织域”特征的“整合域”分析框架。以上这些方面的理解认知也为跨域环境治理研究视角的选择提供了根据。

20 世纪 90 年代以后，跨域治理的思想被完美地嵌入环境治理当中，并形成了较为系统的理论、成熟的研究方法和多角度的研究视角。国外学者较早开展了跨域环境治理方面的研究，从研究的内在逻辑和顺承关系来梳理，显现出研究方向逐渐深化和研究领域不断拓展的特征。国内关于跨域环境治理的研究开展得相对较晚，2000 年以后开始有零散的研究，2006 年以后相关文献逐渐丰富起来。

综上，国内学者在该领域的研究尚处于初始的理论探讨和论证阶段，实证方面的文献并不多，多数文献是对西方相关理论的消化吸收，但同时也在“共治”等新方向上进行了理论拓展，形成了适合解决中国问题的独特研究领域。

（三）强化政府的主导作用

目前，国内生态环保产业的发展存在许多问题，如市场运行机制不健全、技术创新机制的运作不完善等。由此，开展生态环保产业发展战略的研究，探索出有利于推动生态环保产业发展的最优路径，将有助于为各级政府和有关企业的相关工作提供支撑。

从 2012 年开始，中共中央、国务院不遗余力地推进生态文明建设，明确了政府在生态环境保护中的主导地位，特别强调行政机关在生态环境损害救济中要发挥主导作用。2018 年《中华人民共和国宪法修正案》第四十六条将国务院的职权范围扩大至生态文明建设，进一步强调了政府对生态环境的保护管理职能。在全国生态环境保护大会上，中共中央、国务院对政府在生态环境保护中的主导作用进行了肯定。2020 年，中共中央办公厅、国务院办公厅印发《关于构建现代环境治理体系的指导意见》，以中央文件的形式明确指出在生态环境保护和治理中，以强化政府主导作用为关键。由此可见，政府在生态环境治理中的主导地位得到了明确。市场经济条件下对经济效益追求的盲目性和过度化，造成诸多市场主体难以放弃个体利益而去保护生态环境，故政府职能在生态环境损害救济中的发挥就兼具维护社会公众利益和保障经济发展的双重意义。政府对经济利益和生态利益的平衡，实际上也是在保障未来的发展利益，形成生态、经济、发展之间的辩证统一关系。此外，环境公共信托理论认为，政府作为受托人应当为了社会公众的利益对生态环境进行管理和保护；在管理过程中必须恪尽职守，始终以完成委托人的委托为目的；对生态环境进行积极主动的管理，以实现公共利益的最大化为最终目的。近年来，政府作为公权力机关不断增设行政法规和规章，以保护生态环境。对行政机关而言，在我国常用的四种救济方式中，除环境公益诉讼制度外，另外三种都属于政府主导的救济方式。

（四）重点解决突出问题

一般来说，突出生态环境问题包括水体污染、大气污染等，此处所指的“生态环境损害”采用的是 2017 年中共中央办公厅、国务院办公厅联合印发的《生态环境损害赔偿制度改革方案》中的定义。对其进行分析后可以发现，突出生态环境问题是生态环境损害的一部分；对突出生态环境问题的解决也是生态环境损害救济的组成部分；生态文明建设要求重点解决突出生态环境问题，凸显了生态环境损害救济的必要性。生态环境是十大民生领域之一，重点解决突出生态环境问题是提升人民群众的获得感的重要方式。当前，解决突出生态环境问题的方式主要是“修复、清理污水口，关停相关重点企业，联合政府、企业、社会组织等共同参与生态环境损害救济”。我国的具体实践表明，生态环境损害的救济不可能面面俱到，救济效果不可能立竿见影。重点解决突出生态环境问题为生态环境损害救济提供了新思路，即在解决不同类型、不同程度的生态环境损害问题时，试图建立有重点、分层次、积极发挥效应的生态环境损害救济机制，以完成对生态环境损害的救济。

生态文明建设强调生态环境保护的必要性，要求进行生态环境损害救济，而生态环境损害救济与行政命令之间具有内在联系。生态环境损害救济的特质与行政命令的特性的呼应也凸显了行政命令救济生态环境损害的必要性。

第二章　地球环境与生态系统

近年来，全球性的生态灾难频发，生态危机在全世界范围内蔓延开来。究其原因，在于人类在开发和利用自然时，罔顾自然发展规律，只追求经济效益，对大自然过度开发、过度索取、挥霍无度，导致“黑色发展”，以致引发了一系列的经济问题、社会问题和发展问题。这些问题的爆发，阻碍了社会的发展，降低了人民的生活质量，促使人民开始关注生态问题，并对环境污染和生态破坏的有关问题采取措施。本章包括环境生态学、生态系统、生态平衡、生态学在环境保护中的应用四部分，主要有生态环境、生态适应、生态学环境保护应用思想等内容。

第一节　环境生态学

一、国内外对环境生态学的研究

（一）国外对环境生态学的研究

对于环境生态学的研究，国外学者开始得较早。20 世纪 60 年代，国外学者开始对生态环境质量进行研究。1969 年，美国提出了环境影响评价的方法。1974 年，加拿大环境部从大气、水、土壤等方面选取评价指标，用来构建评价环境的指标体系。20 世纪 70 年代，越来越多的国家参与了生态环境质量的研究。20 世纪 80 年代末 90 年代初，随着美国 Landsat 卫星和法国 SPOT 卫星的发展，利用 3S 技术

（RS、GIS、GPS）评价生态环境成了中坚力量。相关学者通过遥感影像获取陆地表面的信息，并结合数学方法对生态环境进行定量研究。另外，20世纪以来，生态环境评价的研究发展到了不同的等级尺度。一些专家以美国北部森林生态系统为研究区，利用站点监测数据评价了研究区的服务功能。1994年，弗格森提出了生态健康的概念，并将实现生态健康作为生态环境评价的最终目标。1995年，莫里斯出版的书中介绍了英国等欧洲各地环境影响评价的方法。

在评价指标选取方面，从原先单一的评价因子向多因子评价方向发展。1999年，拉德森等以澳大利亚流域为研究区，建立了22项指标，以水文学理论为基础，评价了研究区的生态环境。2012年，有外国专家以3个半封闭沿海地区为研究对象，通过从生物元素和理化元素中选择11个指标来构建指标体系，使用模糊综合评价法对生态环境状况进行评估。

在评价的技术手段方面，3S技术得到了广泛的应用。巴索等利用GIS和RS技术对意大利阿格里盆地的荒漠化环境进行了研究。希克马特等采用GIS和RS技术对尼罗河西北部埃德库湖生态环境的可持续性进行了研究。基亚斯等使用GIS和RS技术对光污染进行了建模，研究了发展中国家的现代生活方式导致的城市和郊区环境恶化问题。在生态环境评价方面，学者们建立了各种各样的模型。20世纪80年代末到90年代，经济合作与发展组织（OECD）提出了压力—状态—响应模型。1992年，加拿大生态学家威廉瑞斯为了评估人类活动对生态系统的影响，提出了生态足迹的概念。2007年，美国斯坦福大学、世界自然基金会与大自然保护协会联合开发了InVEST模型，该模型能够模拟预测不同土地利用情景以及不同森林景观类型下的生态系统服务功能的变化。希姆拉尔·巴拉尔等利用这一模型探讨了土地利用变化对生物多样性产生的影响。

综上，国外学者从指标选取、技术手段以及评价模型等方面对生态环境质量进行了研究，并取得了大量的研究成果。

（二）国内对环境生态学的研究

20世纪70年代，我国开始对生态环境质量评价进行研究。1978年，我国提出了可持续发展理念。1992年，傅伯杰建立了区域环境质量综合评价的指标体系，应用这一体系，采用层次分析和综合分析的方法对我国各地区的生态环境质量进行定量评价。

1995年，阎伍玖从自然、社会、农田污染3个方面对安徽省芜湖市的区域农业生态环境质量进行了综合评价研究。《中国环境经济核算研究报告2005—2006》

提出，绿色 GDP 是扣减资源消耗与环境污染成本的 GDP。王金南认为，绿色 GDP 是在 GDP 基础上，扣减因人类不合理利用导致的环境污染损失成本和生态破坏损失成本。2000 年，周华荣以新疆为研究对象，建立了区域的生态环境质量评价体系。2000 年，欧阳志云等总结我国生态环境的主要问题，提出了生态敏感性的概念，并综合地提出了中国生态环境敏感性分区。2006 年王军以生态理论为基础，从社会、经济、自然环境、自然灾害 3 个方面，构建了长江口滨岸带生态环境质量评价指标体系，采用灰色关联综合评价模型对研究区的生态环境质量进行了评价。2006 年，我国制定了《生态环境状况评价技术规范》，从生物、植被、土地、水体、人体活动等方面构建了生态环境状况指数（EI），该指数得到了学界广泛的使用。

在生态环境质量评价研究方面，国内学者起步相对较晚，但研究成果颇为丰富，其成果大致可以从研究尺度、研究方法、研究内容 3 个方面进行总结。从研究尺度来看，较大的尺度如国家、经济区、省域，较小的尺度如乡镇等皆有所涉及，主要探讨生态环境组成要素的状态及功能的演变规律与时空分布特征。如李江风等基于遥感监测数据，测度了中国 1995—2015 年土地利用变化的生态环境效应，分析其演变特征和形成机理；黄寰等在分析区域生态系统演变的基础上，分析了成渝城市群 2006—2015 年生态承载力的空间差异。从研究方法来看，包括主成分分析法、模糊综合评价法、EI 指数法等，主要应用这类方法构建评价模型，对生态环境各要素的功能进行评价。程博等采用主成分分析法，揭示了北海和黄海近岸海水环境质量的空间分布格局；李海波等从生物、水质、生境特征及生态压力 4 个方面选取评价指标，并利用模糊综合评价法，分析了江汉湖群五大湖泊生态系统的健康情况；李芬等基于 EI 指数，选取水网密度、污染负荷指数等指标，定量评估了荆门市的生态环境质量。

近年来，随着遥感技术的发展，空间数据的获取变得更容易。遥感技术为生态环境质量评价提供了新思路。2013 年，徐涵秋基于遥感影像提出了遥感生态指数（RSEI），该指数可以用来监测和评价区域的生态环境状况。温小乐等利用 RSEI 指数评估 2007—2013 年福建平潭实验区的生态环境状况，认为建筑用地的大规模开发是导致生态环境质量下降的主要原因。缪鑫辉等利用遥感生态指数对 2000—2017 年甬江流域的生态环境质量进行了时空变化分析以及动态监测。李红星等基于遥感生态指数对武汉市的生态环境质量进行了评估。王士远等以长白山自然保护区为研究对象，利用遥感生态指数对长白山的生态环境进行了评价。刘芳平采用层次分析法构建了松花江流域黑土区生态环境评价指标体系，对研究区

的生态环境进行了综合评价。马梦超以北京市山区小流域为研究区，采用层次分析法构建了研究区的生态环境治理综合评价指标，从而实现了对山区小流域的监测。徐凯磊基于多源遥感数据对 2002—2013 年全国的生态环境质量进行了时空演变研究，深入分析了我国生态环境质量的时空变化规律。杨励君对东江源区的环境保护与生态补偿进行了研究，探索了东江源区生态补偿机制的构建。吴娇等利用遥感技术对东江源区的植被覆盖率进行了时空变化分析，结果表明，大部分区域的植被覆盖率较稳定，城镇、园地和矿区周边的植被覆盖率持续退化。

二、环境生态学相关概念

（一）区域生态环境

区域是指在一定范围内的地理单元范围，区域生态环境则是指一定地理范围内的综合、完整的地理系统。具体来看，区域学派认为地理学是各种地表现象的结合，这个概念的界定在区域概念的发展中起到了关键作用，其说明了区域即属于地理学的范围，也是自然与社会地表现象的结合。我国著名科学家钱学森跨越地理学视角，为区域提出新的概念，他认为地理学的区域范围相对狭窄，仅考虑了地域因素，而区域本身还包含自然、文化、经济等诸多社会环境因素和自然因素，所以，区域应是一个综合体，是一个复杂的系统，一个完整的地理系统。

结合生态环境与区域的概念来看，区域生态环境是特定地理范围中影响生物群落的自然因子和社会因子相互结合的综合体系，其对地理空间内生长的生物群落具有明显的作用。根据定义划分，可以分为宏观、中观、微观三个层面。宏观层面主要是指区域生态环境具有全球性特征，其影响范围较大；中观层面主要考虑区域生态环境的跨域性，区域生态环境往往涉及多个行政单位、地域、国家；微观层面则是指区域生态环境具有封闭性、独立性。

（二）生态成本

资源的稀缺性，决定了对资源的利用过程就是生态成本增加的过程。环境污染损失也是生态成本的一个重要来源，工业“三废”和生活废弃物进入空气、河流、土壤必然会对生物的健康和生存带来影响。生态成本包括恢复、重建、改建、改造、改进、再植和生态保护等成本。生态成本与其他传统成本有三点不同之处：① 生态成本的分散性、复杂性非常突出；② 生态成本源自自然资源的消耗和生态环境的破坏；③ 生态成本具有间歇性和持续性的特点。

（三）生态文明

生态文明是一个组合词，它要求在发展的同时兼顾生态环境。党的十八大对生态文明进行了解读：建设生态文明关系全国人民的福祉，关乎中华民族未来的百年大计。人类原本就是自然的一部分，但是随着人口的增加以及人类活动的丰富频繁，人类对自然资源的过度索取日益严重。早期的人类只会制造一些简单的工具，对生态环境的破坏比较微弱。进入现代社会，全世界人口激增，工业的发展和建设的需要促使人类从大自然攫取更多的资源。生态文明理念会在人类社会和工业文明发展到一定阶段而产生。在生态环境遭到破坏的情况下，倒逼人类审视现有的发展模式，重新观察并重视人类与生态环境的和谐发展。从价值观上看，生态文明的理念告诫我们要尊重生态、保护生态、顺应生态，合理恰当地处理好生态保护与经济发展的关系。

第二节　生态系统

一、生态系统相关概念

（一）生态系统

生态系统简称ECO，为ecosystem的缩写，此术语的形成最早可追溯到20世纪30年代。生态系统的概念被公认为是生态学界迄今为止最重要的一个概念。英国生态学家亚瑟乔治·坦斯利于1935年首次明确提出“生态系统”这一概念是由生物复合体和环境的各种自然要素构成的完整系统，这种系统构成地球自然表面上各种大小和类型的基本单元，不同系统之间具有一定的独立性。20世纪40年代，苏联生态学家苏卡切夫所定义的生物地理群落的基本含义与生态系统的概念类似。同一时期，雷蒙德·林德曼在其经典著作中将生态系统定义为由生物群落和非生物环境组成，在特定的时空内进行物理—化学—生物转化过程的系统，并开始进行生态系统功能服务及其价值方面的研究。被誉为“现代生态学之父”的尤金·奥杜姆于1953年出版的著作《生态学基础》，从能量流动角度，描述了生态系统的能量流动过程模式。福斯伯格将生态系统定义为，由一种或多种生物有机体与对其产生影响的环境条件构成的相互作用的复合系统。我国学者孙儒泳将其定义为，在一定空间内所有生物（即生物群落）与其栖居环境间通过

不断的物质循环和能量流动过程而构成的统一整体。

20 世纪末，马克利斯等专家把生物生态学和社会学理论结合起来作为生态系统管理实践的基础，推动了生态系统概念的发展。生态系统概念已涵盖生物环境、物理环境和人类 3 个方面的内容。21 世纪，有学者将生态系统定义为由动植物与微生物群落及其无机环境相互作用组成的一个动态、复杂的功能单元。

（二）生态系统服务

随着人口数量的增长，人类对生态系统的干扰日益强烈，出现了环境污染、资源短缺等生态问题。随之，人们开始思考生态系统与社会福祉的关系，生态系统通过提供各种服务来满足人类和社会发展的需求。

1970 年，在联合国大会的《人类对全球环境的影响报告》中，“服务”被首次提出，其中列举了生态系统在水土保持、土壤形成、气候调节、昆虫控制、传粉和物质循环等方面的环境服务功能。随后霍德伦和埃利希将其范围扩大，定义了“全球生态公共服务功能”并加入了生态系统对基因库和土壤维持的服务功能。

现在被广泛应用的生态系统服务的定义是在 2001 年联合国的 MEA（千年生态系统评估）项目中提出的“人类从生态系统中直接或间接获取的各类收益”。它在全球范围内全面评估了生态系统服务，强调了服务变化会对人类福祉产生影响。MEA 将生态系统服务分为供给、支撑、调节和文化服务，生态系统从 4 个方面为人类提供福祉。基于研究中不同的研究目的和研究内容，各个学者对生态系统服务会有不同的描述。

二、生态系统范例

（一）森林生态系统

森林生态系统是一种生物群落，主要包括木本植物以及依赖森林环境生存的动物、植物和微生物，具有特殊的生物结构，能够在合理科学的管理条件下，不断地满足社会公众的物质产品和非物质产品需求。另外，森林也是陆地生态系统的重要组成部分，是人类丰富的可再生自然资源，其原因在于森林面积占地球上陆地总面积的 1/3，森林年生长量占陆地全部植物年生长量的 65%。

森林生态系统因具有自然属性、社会属性和经济属性，故其功能也十分丰富，如为人类提供所需的木材、木质产品等，又如调节气候、涵养水源、保育土壤、固碳释氧、净化环境等。

（二）水生态系统

水是生命之源，生态之基，水养育了人类，造就了文明。水生态系统的破坏不仅会对人类的生存造成严重影响，而且会严重阻碍国家的经济发展。预计到 2025 年，全世界将有 40 多个国家和地区，近 30 亿人口缺水；与此同时，水污染、水灾害加剧了水资源的紧张，由此危及公共卫生、可持续能源利用和粮食安全等。21 世纪水资源正逐渐变成一种宝贵资源，其与社会可持续发展和长治久安息息相关。

国际舆论认为，20 世纪发生的许多战争是为了争夺石油资源；21 世纪，水将成为战争的导火索，河流的水资源分配问题时常引起国家间的冲突。近年来，国家间的河流冲突纠纷更是频频发生。区域的水生态安全是国家安全及经济社会可持续发展的基础保障，我们必须要将水生态安全作为保护好生态环境的首要任务来抓，保障水生态安全是当前我们必须面对的一个重大课题。

水是一种基础性、战略性的资源，支撑着所有的生命活动。我国是世界上的贫水国家之一，人均水资源拥有量严重不足。《2018 年中国水资源公报》显示，2018 年我国人均水资源拥有量约为 1968.64m^3，已经低于国际公认的 2000m^3“中度缺水”线，与此同时，我国的水资源、水环境却遭到了严重破坏。

（三）大气生态系统

大气作为一种资源是人类生存和发展的重要载体，其直接参与人体的气体代谢、物质代谢和体温调节等过程。当前大气污染是全球普遍存在的问题，但不同地区面临的大气污染危机又各不相同。我国以煤炭为主的能源结构虽然加快了工业化的进程，但也导致了以颗粒物为主的大气污染危机，对公众健康、经济发展、全球气候、社会公平造成了严重影响。为了有效保护环境、治理污染，世界各国都积极采取措施，形成了宝贵的国际经验。近年来，我国的生态环境保护工作成效显著，2018 年《中华人民共和国环境保护税法》实施，环境治理的法制框架更加完善。

20 世纪以来，伴随全球人口的激增、经济的快速发展和工业规模的扩大，以能源、资源消耗为基础的工业产出显著增加，生产力的快速提升在提高了人类物质生活水平的同时，也使地球生态系统受到严重威胁，引发了全球的大气污染危机。大气污染问题是工业革命的产物，具体来讲，19 世纪中期到 20 世纪中期，大气污染问题主要发生在西欧、北美及日本。英国、美国和日本等发达国家以煤炭为基础，率先发展钢铁、电力、汽车等“烟筒产业”，带来经济繁荣和城市发展的同时，也导致了烟雾、煤烟和二氧化硫、细颗粒物等大气污染物的大量排放，引

发了 1930 年的比利时马斯河谷事件、20 世纪 40 年代的美国洛杉矶烟雾事件和多诺拉事件、1952 年的英国伦敦烟雾事件以及 1961 年日本四日市废气事件等多起大气污染事件，严重危害了公众的身体健康和生命安全。为了维护公众的环境权和健康权，发达国家积极采取改善燃料组合、迁移工业厂址、调整产业结构等措施来减少污染排放，这些改善环境的措施起到了积极作用。20 世纪 60 年代末，西方发达国家和日本的大气污染水平开始下降，空气质量有所改善。1950 年以后，受苏联倡导的能源与污染高度密集型工业发展模式的影响，整个东欧的大气污染问题逐渐严重。20 世纪末，受西方国家高耗能、高污染产业的迁入及发展中国家自身经济快速增长的影响，中国、印度、越南以及广大拉丁美洲和非洲的发展中国家，也开始面临严重的大气污染问题。

面对严重的大气污染危机，我国积极采取措施减少污染，改善空气质量，保障居民健康。特别是 2013 年以来，中央政府不仅修订颁布了《中华人民共和国环境保护法》《中华人民共和国大气污染防治法》等一系列法律法规，而且制订了《大气污染防治行动计划》《打赢蓝天保卫战三年行动计划》等具体行动方案。地方政府也根据各自区域大气污染的特点和环境保护的需求，制定了一系列的应急机制，如工厂限产停产、错峰生产、限号出行等，得益于以上政策和措施的有效实施，2013—2017 年，我国多数地区观测到的大气污染物年平均浓度和“重雾霾”事件发生频率均有所下降。但是，我国在落实上述政策措施中投入了大量的人力、物力及财力，甚至以牺牲经济发展和居民生活质量为代价，治理成本较高，未来伴随我国转型时期经济发展趋缓和大气环境风险递增的压力，上述治理模式对大气污染治理的边际递减效应将逐步显现。

从长远来看，我国大气污染治理仍然任重道远。首先，污染的空间溢出效应对治理提出了挑战。张可等通过考察经济集聚与环境污染的空间溢出机制，发现相邻城市间的经济集聚和环境污染存在交叉影响，城市间的经济发展和环境质量具有“一荣俱荣，一损俱损”的特征。王文普提出“忽略污染溢出有可能夸大污染减排在技术创新中的作用”的观点。林伯强认为我国西部能源开发和产业调整直接导致了环境污染梯度的转移和污染范围的扩大。马丽梅等运用空间计量方法，实证分析了中国 31 个省级行政区大气污染的交互影响及其与经济变动、能源结构的关联。

其次，随着治理的不断推进，无论是能源结构、产业结构优化的空间还是企业技术水平提升的潜力都将越来越小，从而使得污染治理难度越来越大。因此，在我国经济从高速增长向高质量发展难以一蹴而就的情况下，污染治理的经济成本势必

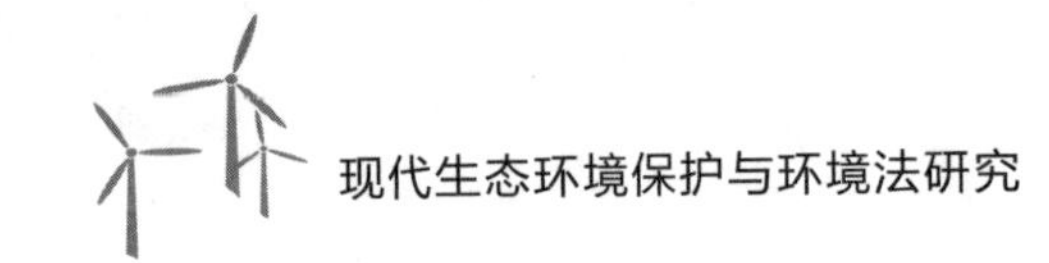

也将越来越高。尽管研究发现，总体上大气污染治理与经济增长可以实现“双赢”发展，但我国幅员辽阔，各区域间在经济发展、环境污染及相应的环境治理成本等方面存在较大差异。所以，随着我国大气污染治理进入新的攻坚阶段，构建更为有效的区域协同治理方案，对于中国当前的空气治理和区域协调发展具有重要现实意义。

（四）土壤生态系统

土壤同样是陆地生态系统的另一个组成部分，是生态系统诸多生态过程的载体，也是植物生长发育的基地。在森林中植被所需的大部分水分和养分都需要土壤来供给，土壤中的氮、磷、钾、硫、锰、铜等元素是森林生命活动重要的物质来源。碳、氮含量通常被用作评估森林土地可持续利用程度和土壤质量的重要依据。土壤碳氮比（C / N）对土壤一系列的营养元素循环以及森林群落系统的发育、转变有重大影响，是指示土壤质量的敏感指标。当土壤碳氮比较低时，土壤微生物可以加速对有机质的分解，并能提高氮矿化的速率；当土壤碳氮比较高时，则微生物对有机质的分解矿化能力降低，土壤有机碳及有机氮的汇集能力提高。

球囊霉素相关土壤蛋白（GRSP）是一种由丛枝菌根真菌产生的代谢产物，是一种稳定持久的糖蛋白，其在土壤生态系统中具有重要的生态学地位和生态学功能。GRSP 可以提高土壤微生物的活性，改善土壤的物理结构性质；同时，对土壤中的重金属有一定的承载能力。GRSP 具备增强土壤颗粒稳定性的能力，从而影响土壤的碳汇能力，降低碳在土壤中流失的风险，成为土壤中有机碳、氮的来源之一，被认为是陆地生态系统土壤有机碳库的组成部分，并作为土壤调节剂通过改善肥力、保水能力、营养水平来增强土壤团聚体的稳定性。所以，GRSP 对已退化土壤的改造能力十分突出，并且可以协同提升植被对土壤营养元素的吸收能力，促进植物的生长发育。

第三节　生态平衡

一、生态平衡的概念

生态平衡是指在一定时间内，生物与环境、生物与生物之间相互适应所维持的一种协调状态。它表现为生态系统中生物组成、种群数量、食物链营养结构的协调

状态，物质的输入与输出基本相等，物质储存量恒定，信息传递畅通，生物群落与环境之间或各对应量之间各自保持一定的状态，从而达到正负相当、协调吻合。

"生态平衡"原属于生态学范畴，由美国学者威廉·福格特在1949年出版的《生存之路》一书中提出，是指自然环境没有遭受人类干扰的一种天然状态。生态平衡是指在相对稳定的条件下，依靠系统内部各要素之间以及系统与外部环境之间的相互联系和相互作用，通过物质循环、能量流动、信息传递、价值流动等实现彼此适应、彼此协调的一种动态平衡状态。当系统处于生态平衡的状态时有以下三个层面的表现。

（一）结构优化

首先是生态因子之间的合理匹配。当系统在平衡状态时，各生态因子不仅在数量上浩繁，而且种类完备。作为生态主体因子，既有生产者，更有消费者和管理者，并且各生态主体因子的数目比例得当、增减均衡、互相匹配，组成一条完备的生态链，同时构成一张巨大的生态网。同一系统中的生态位是适度、和谐共生、协调互利、共同发展的关系。其次是生态因子互相协调。包含本体生态位的和谐（本体种类多样、比例恰当、彼此补充）、生态技术的和谐（传统与现代、软件与硬件技术彼此配合与补充，并存在普遍兼容性）、生态时空的和谐（不同本体的时间与空间彼此互补）、生态制度的协调（生态制度完备，不同种类的制度互为补充，同种类型的制度互不矛盾）以及它们互相之间的协调。最后是本体因子高度匹配于环境因子。体现为生态本体与主体需求互为匹配，即生态本体的数目与质量符合生态主体的需求；与现代技术互相适应，即生态主体主动进修并掌握先进的现代技术；与生态时空互相适应，即生态主体充分合理地利用生态本体的活动时间和空间；与生态本体有关的制度互相适应，即生态主体理解并执行相关的生态制度，生态制度能规范生态主体的行为并保护生态主体的正当权益。

（二）功能完善

当系统处于生态平衡状态时，系统的功能相对完善。生态本体传递渠道没有堵塞、不缺损、不脱节。生态本体传递迅速及时。生态主体摄入快、受理快、吸收快、反应快、反馈快，从而保证传递的时效性。生态本体因子转化精确，即生态本体在转化时精确无误，不拒绝接收相关的，不排除有用的，不删除有价值的，以确保吸收与内化、输出与反馈精准有效。输出与输入相当，不仅不会出现入不敷出的现象，也不会出现入多出少的失衡问题。

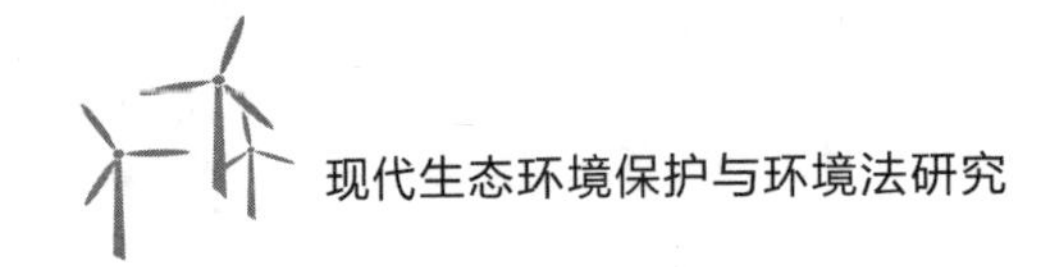

（三）相对稳定

万物都处于运动变化的状态中，生态系统也必然与外界不停地交换着资源、物质、能量，形成一种动态的平衡稳定状态。在较长的一段时期内，生态系统的生态主体、生态本体、生态环境均是稳定存在的，且彼此是和谐、互为补充的关系，进行着高效畅通的流动与转化，不受时间因子的变化影响。即使一些生态因子发生了比较明显的改变，其他生态因子也会做出努力适应的指令，以便达到新的平衡。

二、生态平衡的构成要素

（一）生态主体

不同的生态主体因子有着不同的素养、知识结构，因此它们的诉求存在差异化。众多差异化的诉求便形成一条价值链，它们会因生态本体分配不均而产生激烈的竞争，影响生态平衡状态的维持。生态主体的优质实力，有利于发挥生态链的流转功能，有利于发挥生态本体的内在价值，是系统达到生态平衡状态的必要条件。

（二）生态位

生态位是指生态主体在生态环境中所占据的特定位置。它代表着生态主体因子在生态系统中占据的时空、占有的资源和发挥作用的状况。生态位主要分为本体、时空以及功能三大类。生态位的适度分化可以将生态主体因子与生态环境因子进行高度匹配，以保证生态主体因子之间的竞争适度，避免发生浪费与供不应求的现象，有利于生态系统达到平衡状态。

（三）生态适应

生态适应是指生态系统的自组织能力，对生态平衡的影响表现在两个方面：一方面可以优化生态链的结构，另一方面能够合理配置生态本体。强大的自组织能力，可以使生态主体在功能、时间和空间上合理分配生态本体，最大化地发挥生态本体的价值，也是确保系统平衡的重中之重。

（四）生态环境

生态系统是一个开放、动态、多样、持续协同演化的有机整体，生态主体与

生态本体不停地与外界环境发生多种多样的关系，良好的生态环境对系统的平稳运行具有支撑作用。生态系统具有多样性，而生态环境的动态变化便是其表现之一，这种多样性维持了生态系统的稳定性与平衡力。

第四节　生态学在环境保护中的应用

一、生态学环境保护应用思想

（一）绿色发展

“绿色发展”是有机地将效率、可持续与和谐共生三个目标融合在一起并融入社会前进过程中的一种理念。当前，全国范围环境污染问题频频发生，基层治理压力陡增的同时直接限制了社会的可持续发展，因此，绿色发展正是有效提升社会效益的一种发展理念。2015 年，党的十八届五中全会通过的《中共中央关于制定国民经济和社会发展第十三个五年规划的建议》中明确提出了绿色、创新、协调、开放、共享五大发展理念，将绿色发展作为各个地区日常生产生活新模式的主要任务，并为各地积极开展环境治理奠定了坚实的理论基础。

1978 年至今，中国的经济增速由快速向平稳转变，经济发展成就令人瞩目。但长时间的高速增长也引发了积压已久的人与自然的矛盾，如以牺牲环境质量为代价片面追求经济增长的观念导致环境承载力快速到达极限、高污染和高能耗的产业在本地及关联地区引起了环境连片式污染和生态破坏的后果。旧有的粗放型经济增长方式的弊端渐露，直接引发了资源的紧缺和环境的不堪重负。在这样的背景下，因地制宜，转变“唯经济论”指导下的发展方式，及时整合和选择合适的产业结构，以发展绿色产业为重要抓手，以政民互动、环境共治为价值取向，能有效突破资源环境的限制，走可持续、绿色、低碳的发展道路，更能进一步推进社会主义生态文明建设和经济社会的共同发展。

绿色发展理念不仅为经济发展指明了方向，还对生态环境治理提出了具体要求，对生态环境保护和生态环境损害救济进行了强调。党的十八大以来，中共中央、国务院反复强调不能以生态环境损害换取经济发展，多次提出“既要金山银山，又要绿水青山”的理念，将绿色发展理论放在了非常突出的位置。可见，绿色发展理念揭示了生态环境与经济的关系，指明了应当在生态环境保护的基础上

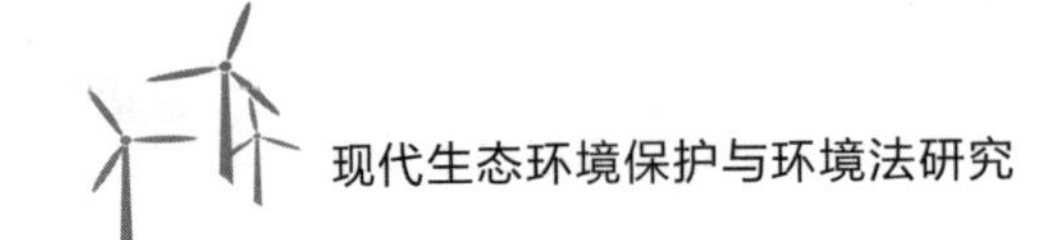

发展经济。从长远来看，生态环境损害会导致经济发展停滞不前，无法实现经济的高质量发展。究其根本，生态环境损害产生的本质是市场作用下对经济的过度追求和盲目发展，对生态环境的保护实质上是平衡市场导致的无序化发展。公共利益理论认为，经济发展是受市场操控的，在追求利益最大化的市场原则下，市场具有盲目性，过分追逐经济发展会导致生态环境这一公共利益的保护空间不断被压缩。政府作为公权力机关，应依据环境管理职责对生态环境损害进行救济，积极对生态环境进行管理和保护；平衡生态环境保护和经济发展之间的关系，保证区域公平和代际公平，践行绿色发展理念。

（二）生态系统服务

生态系统服务是人类维持生存和发展所需的一切自然环境条件与效用，包括人类直接或间接从生态系统获取的所有惠益，一般可分为供给服务、调节服务、支持服务和文化服务四大类。生态系统服务的供给往往受到人类需求及决策的干预和影响，构成不同服务的生态过程具有竞争关系，使得某些生态系统服务无法同时实现“最大化”的理想状态。具体表现为不同生态系统服务之间存在一定的相互冲突或相互促进的关系，某种服务的增加（或减少）可能引起其他服务的减少（或增加），也可能是某种服务的增加（或减少）同时引起了其他服务的增加（或减少）。例如，供给服务的增强可能带来调节服务的减弱，增强调节服务的同时文化服务可能也会增强。一般将生态系统服务之间不同程度的“此消彼长”或“相互促进”的关系称为生态系统服务“权衡关系”或“协同关系”。千年生态系统评估（MA）提出权衡具有空间尺度、时间属性、是否可逆三种属性，将三种属性两两组合得到 8 种不同的生态系统服务权衡的关系类型；随后，生态系统服务与生物多样性经济学（TEEB）则将“权衡”定义为管理者决策中的“取舍”，并强调了生态系统服务的经济价值，其针对权衡关系的研究体系不再限于自然生态系统，更进一步拓展到了社会—生态系统，权衡的维度也在时间和空间维度的基础上扩展了利益相关者的维度。随着生态系统管理和生态系统服务的研究成果不断增多，“权衡”一词的内涵和分类也得到了丰富和发展。

目前，国内外涉及生态系统服务权衡的研究主要涉及以下几个方面。① 供给数理权衡：主要分析某种生态系统服务与另外一种或多种生态系统服务之间的数量关系。② 供需关系权衡：主要探讨生态系统服务的供给与人类社会需求相匹配的程度。③ 不同主体权衡：主要考虑明确受益主体，通过生态系统的权衡分析促

使不同主体培育环境共识。④ 时空动态权衡：主要关注生态系统服务在不同时期的代际竞争关系，以辅助决策土地规划管理的近期和远期方案。

（三）生态环保产业

相对于传统产业，生态产业是较新的概念。生态产业以和谐发展为宗旨。生态产业以生态经济理论、产业生态学为理论基础。产业生态学包括清洁生态理论和循环生产理论，这两个理论构成了产业生态学下一个层次的理论。生态产业可以分为生态农业、生态工业、生态服务业。

国内外对生态环保产业在概念上存在细微差距。徐嵩龄在对生态资源损失计量开展相关研究时，对国际经济合作与发展组织对生态环保产业的定义情况进行了总结，从中可以看出，国际组织认为生态环保产业的核心是污染与防治。而在国内，从历年相应文件中可以总结出我国的生态环保产业是指：以自然生态质量提升、污染防治、资源节约及循环利用为主要目的的技术研发、设备制造、工程施工及其相关的商业、信息服务等活动的总称，其核心内容包括环保产品生产、废物处理与循环利用、自然资源保护与修复及相应的生态环保技术、信息服务。

综合以上信息，可以看出国际上狭义地把生态环保产业定义为开展环境污染末端治理，以期达到环境质量改善的目的的活动。而我国则是把生态环保产业作为一项为建设美丽中国提供主要产业基础和技术保障的新兴产业，并与装备制造、技术研发、工程承包、信贷金融、生产性服务等多个产业互相交叉，是一种跨领域综合产业的广义定义。综合以上国内外对生态环保产业的理解，可以看出世界各国在发展本国的生态环保产业时，着力点、侧重点会有所不同。

二、生态学环境保护的实际应用

（一）草原生态环境修复

生态修复的责任主体大多数是政府或相关部门。对于原生环境问题，理应由具有保护自然资源职责的政府或相关部门进行处理。但是对于因人们的生产生活导致的生态环境问题，国家不应承担修复生态环境的责任。若不管破坏生态环境的主体是谁，一切损害都由国家进行修复不仅会加大相关部门的经济负担，而且也不能让侵权人承担修复责任，惩罚其不当的行为。

因此，有必要将生态环境修复的主体由国家向侵权人转移。美国通过法律规定了污染物和固体废物的生产者、运输者和处置者等“潜在责任人”。修复理念到修复责任的转变，不仅是责任主体从政府或相关部门向真正侵权人的转变，还表明了生态环境修复逐渐从生态学领域进入法学的研究领域。生态学领域对生态环境修复的研究成果，为构造生态环境修复法学概念提供了依据和标准。

生态学者戴利认为，人类进行生态环境修复至少基于以下几种原因：一是为了满足人类自身的生存生活需求；二是人类破坏生态和污染环境的行为对地球造成了严重影响；三是生物多样性依附于生态环境的维持与修复；四是土地生态系统功能的衰退限制了社会经济发展。其通过对退化的生态系统进行修复，恢复生态环境的结构和功能，促进可持续发展，从而为人类的生存创造条件。

除此之外，不同的学科领域对生态环境修复的目标具有不同的认识，在生态学角度下，生态环境修复是为了恢复并维持生态环境的基本功能。在经济学视野下，生态环境修复的目标是恢复甚至提高生态环境的价值。从环境伦理学视角来看，是对“人类中心论”的批评。根据上述的生态修复的目标和必要性，生态环境修复是指通过人类的主动干预，以各种方法和手段帮助退化的生态系统恢复生态功能，进而保障良性发展。

以草原生态环境为例，草原生态环境修复是指在退化的草原生态系统难以自然恢复的情况下，采用物理、生物或化学等人工修复方式，将被破坏的草原生态环境恢复到被损害之前的状态的行为。作为重要的陆地生态屏障，草原生态系统分布于降雨量少的干旱地区，群落结构比较简单，主要以草本植物为主。动植物种类较少，自我组织和调节能力相对较弱，故草原生态系统抵抗外界干扰的能力较弱。因破坏草原生态环境的程度不同，会出现不同的损害后果，可能导致草原植物种群的盖度和产量下降，草层变矮、优良草种消失，土壤和植物种类发生变化，从而导致植被退化，严重者甚至会出现沙化、盐渍化、水土流失等现象。修复被破坏的草原生态环境时首先应该对草原被破坏的原因、退化情况、植被种类、土壤条件、地区气候等各种因素进行深入的调查，再因地制宜，分区域采取修复方案，如封山禁牧、休牧、轮牧、围栏封育等修复措施。对退化程度不同的草原要采取不同的修复措施，对退化程度严重的草原进行修复时应当根据土壤条件和气候条件建立系统性的修复体系。

草畜平衡就是在天然草原上保持理论载畜量（也称合理载畜量），调节草地牧草供给量和牲畜饲草需求量之间的平衡，它是衡量天然草地承载现状的重要指标。调节草场利用方式、放牧方式、饲养家畜的结构等，使整个系统的能量供给和需求达到平衡，进而获得最大的生产潜力是现代化家庭牧场管理的重要问题。

目前，我国草畜平衡政策的实施与研究以平衡理论为基础，而处于平衡态

势的草原区面临一定的载畜压力，但草地植被的再生处于平衡状态。草地是畜牧业发展的物质基础，草畜平衡是生态环境和家畜生产、牧民生活之间的平衡，即人—草—畜三者之间的平衡，它关系着我国北方边疆牧区社会的稳定与和谐发展。

（二）天然林保护工程

天然林保护工程（以下简称“天保工程”）是我国林业的重点工程，在20多年的实施过程中，其覆盖范围达18个省（自治区、直辖市），工程行政区划总面积达770万平方千米，占我国陆地面积的8成，总投入资金达3000亿元。这是我国政府站在国民经济可持续发展的高度做出的重要决策，被赞誉为“德政工程”和林业的“希望工程”。天保工程是在1998年我国南、北方多流域遭遇特大洪水灾难之后提出的，首先在中国西南多个省（直辖市、自治区）的国有林区开展先期试点运行工作。随后在2000年，国家批准了林业局等相关政府职能部门提出的关于天然林资源保护的两个重点实施方案，从而工程期为10年的天保工程一期正式全面落地实施。天保工程可以解决我国主要国有林区生态恢复和林区经济稳步提升不平衡的问题，从根本上保护生物多样性、遏制生态环境恶化、促进社会经济的可持续发展。

具体措施是通过严禁砍伐天然林、调节商品材产量等手段来改善当前生态环境系统的不稳定性，并且通过合理安置林区职工等相关措施来达到上述目的，是缓解东北、内蒙古重点国有林区森林植被持续退化问题的有效途径。并且天保工程生态屏障功能对维持东北大草原乃至华北平原的生态安全都具有无可替代的作用。自该工程实施以来，各实施省份在减伐、保护生态方面做出了巨大贡献。全国共净增森林面积1000万公顷，蓄积量增加7.6亿立方米，森林覆盖率增加3.7个百分点，累计削减伐木2.2亿立方米，得到有效保护的林业资源1.1亿立方米。天然林保护工程取得了理想的成效，项目实施区基本实现了预期目标。

在天保工程一期实施过程中，对其对生态和社会经济的影响进行了科学评估，结果发现工程对天然林资源进行了有效的保护，取得了显著成效。项目区环境明显改善，还扩大了社会影响，也培养了林区群众的生态保护意识。这对于天保工程第二阶段的实施具有重要意义。在天保工程第一阶段结束后，国家决定开始实施为期10年的天保工程第二阶段的工程。二期工程的森林管护面积约为1.13亿公顷，从业人员约为31万人，持续投资2000亿元，在整合天保工程一期的基础上，进一步提出要抚育森林资源、保护生态环境、转变林区发展方式，其中心思想是以保护和培育天然林资源为重点，以改善人们的生活为主要思想，以进一步降低东北及内蒙古重点国有林区的木材产量，加快长江、黄河流域森林生态的功能修复，促进东北及内蒙古重点国有林区森林资源的休养恢复为主要目的。

2019年7月开始，天保工程更加注重天然林保护修复制度建设，标志性事件是《天然林保护修复制度方案》的实施。其根本原则与以往不同，包括以下几点。首先，严格科学地对所有天然林进行保护，然后通过生态位重要性的高低和物种数量的多少等因素决定保护的重要区域。其次，尊重科学、遵循天然林演替的原则。再次，做到生态为民、保障林区经营者和森林权利人的合法权益。最后，各级地方政府负有保护天然林的主体责任，要促进社会实体积极参与，使整个社区共同致力于保护天然林。目标是加速推进天然林保护和系统恢复，以确保天然林面积逐步增长。有效管理超过1亿公顷的天然林和0.68亿公顷的灌木林，争取到2035年，天然林面积达到2亿公顷，天然林生态系统生态承载力得到有效恢复，为更好地实现“美丽中国”目标提供有力的支持。

可以看出，新时期的天然林保护更加注重采用必要的管护措施，这就需要科学家提出不同的保护措施。自天保工程实施以来，对其生态功能的评价受到了人们的高度关注，这个堪称世界上最大的生态恢复工程，实施后的生态效益如何，需要全面而整体的评价。

（三）农田生态系统

全球变暖的主要原因之一是温室效应，温室效应又称“花房效应”，形成温室效应的气体即温室气体，温室气体包括二氧化碳（CO_2）、一氧化氮（N_2O）、甲烷（CH_4）等，CO_2约占60%，人类活动是造成温室气体排放的主要原因之一，其中人类农业种植活动造成的温室气体的排放占有很大比例。农田生态系统作为陆地生态系统的重要分支之一，其土壤碳排放对陆地生态系统乃至全球碳排放的影响巨大，加之我国是农业大国，这种现象似乎更为突出，而对农田生态系统的干扰包括耕作、施肥等。

肥料类型主要包括无机肥和有机肥，特别是无机氮肥在农业发展中扮演着重要的角色，氮肥使全球粮食产量增加了40%～50%。然而，氮肥过量施用对土壤造成的损害与日俱增。例如，损失土壤有机碳、引起土壤板结化、加剧“温室效应”。在此背景下，党的十八大报告明确提出：“建设生态文明是关系人民福祉、关乎民族未来的长远大计。要努力建设美丽中国，实现中华民族永续发展。”习近平同志在十九大报告中也指出，“实施乡村振兴战略，农业农村农民问题是关系国计民生的根本性问题，必须始终把解决好‘三农’问题作为全党工作的重中之重”。

多项文件均明确提出要推进农业清洁生产，始终不渝地坚持绿色发展。由当时的农业部指导的国家化肥减量增效科技创新联盟也于2017年3月20日在北京成立，有机肥替代化肥等施肥措施已成为当今农业施肥发展的重要方向。

土壤碳排放是在土壤这个特殊体系中进行的一个反应，反应的速率受到反应底物质量（浓度与种类）与酶和底物的接触程度的影响。土壤碳排放不仅是陆地生态系统和大气生态系统之间碳交换的主要途径之一，也是全球碳循环中最大的通量之一，在生态系统的碳平衡中扮演重要角色。农田生态系统碳库不仅是全球碳库中最活跃的部分，还是受人类活动干扰最频繁的碳库，对维持全球碳平衡具有很重要的作用。农田生态系统是陆地生态系统的重要组成部分，碳通量、碳储量等成为目前碳循环研究领域的焦点。土壤碳排放主要指土壤呼吸，有学者将土壤呼吸按其来源分为五个部分，分别是根呼吸、根际微生物呼吸、微生物分解植物残体的呼吸、土壤有机碳（SOC）的激发效应和微生物分解土壤本底有机碳的呼吸，前三者归为植物对土壤呼吸的贡献，后两者归为土壤对土壤呼吸的贡献。而植物对土壤呼吸的贡献中的根呼吸和根际微生物呼吸主要由植物的类型以及地上部生物量所决定；土壤对土壤呼吸的贡献中微生物分解土壤本底有机碳的呼吸的周转速率极慢且基本稳定。

生态系统碳平衡包括碳输入和碳输出这两个过程，其差值为净生态系统生产力。农田生态系统的碳平衡是一个复杂的过程，不仅受气候、植被、土壤属性、地形等自然因素的影响，也受土地利用变化、耕种管理措施等人为因素的影响，且各种因素之间也存在相互作用。多种影响因子共同决定了SOC在空间上的分布和再分布格局，以及SOC的形成、分解的转化方向和变化速率。

综合来看，与森林、草地、湿地等自然生态系统相比，关于农田生态系统碳平衡的研究明显不足，国内对农田生态系统的碳平衡研究多集中在灌溉农业生态系统中。

（四）生态旅游业

生态旅游业是以生态旅游资源为凭借，以生态旅游设施为基础，为生态旅游者的生态旅游活动创造便利条件并提供所需商品和服务的新兴旅游业。生态旅游业是生态旅游系统中促使生态旅游主体与生态旅游客体之间相互作用的中介和桥梁，是由众多机构和相关行业中各种类型、不同级别的生态旅游业函数、变量和因子相互作用、相互影响而形成的复杂的经济社会综合体。

生态旅游业作为当今一种新兴的旅游业，是集经济效益、社会效益和生态效益为一体的经济形式，有利于实现人与自然和谐共处，更加强调了生态性并兼有经济性、文化性等。在传统大众旅游业中，利润最大化是旅游开发商和相关企业追求的目标，追求心理需求的满足是旅游者的主要目标，因而最大受益者就是开发商和旅游者，但旅游活动所产生的环境影响等代价则主要由社区及当地居民来承担。

当然，这种以牺牲环境资源的持续价值而获取短期性经济效益的传统大众旅游方式是不可持续的。而生态旅游业则是在反思传统大众旅游业发展过程中带来严重环境问题的基础上产生的，代表了旅游业发展的新趋势，是旅游发展的一个新阶段。生态旅游业鼓励发展具有地方特色的产业结构，提倡服务产业生态化，发展生态饭店、生态交通、生态商品等，在发展目标、管理方式、受益对象和影响内容等方面与传统大众旅游业具有明显的不同。

在信息网络、大数据、人工智能和散客旅游等促使生态旅游转型升级的背景下，现代生态旅游业应运而生。从本质上来讲，现代生态旅游业是以生态文明观等为指导，以保护自然生态环境和实现经济社会可持续发展为目标，以现代生态旅游市场为发展导向，以生态旅游产品为依托载体，以生态旅游服务为主要内容的新兴旅游经济形态。生态旅游企业、生态旅游者、旅游地社区及居民都是生态旅游业的直接参与者和受益者，现代生态旅游业是有生命力的、可持续的新兴旅游业。可持续发展观强调，发展必须以不破坏或少破坏人类赖以生存的环境和资源为前提。人类社会必须改变传统的发展方式，选择新的发展模式，构建新的发展理念。生态旅游业可持续发展，强调旅游资源环境是发展的重要组成部分，体现了旅游资源环境对旅游经济增长不可替代的作用，强调在保证当代人从事生态旅游开发的同时，不损害下一代的利益。生态旅游业可持续发展，旅游业、环境保护与社会发展的有机结合，将促进社区发展作为生态旅游业发展的主要目标，将资源环境保护作为生态旅游业发展的基础条件，最终实现经济、社会、文化和环境的协调发展。

因此，生态旅游业可持续发展是指可持续发展思想在生态旅游这一新兴经济和文化领域的延伸，并随着可持续发展理论在生态旅游研究领域的广泛应用而不断丰富和发展。生态旅游业可持续发展是一种全新的发展理念，为生态旅游者提供了积极的实践体验，力求做到环境上适宜、经济上可靠、社会文化上可接受。生态旅游业可持续发展是可持续发展理论在生态旅游业内强有力的具体实践，其目标是实现全面可持续发展；而可持续发展理论作为一个基础理论，指引着生态旅游业的发展方向，使生态保护落到实处。二者相互依赖，不可分离，只有同时发挥作用，才能确保生态旅游业的可持续发展。

（五）城市生态环境

城市是社会生产力发展到一定阶段的产物，社会生产方式是制约城市形成和发展的根本因素。自然地理条件如地质、地貌、气候、水文、土壤、植被首先作为人类的生存环境，通过影响人口分布来影响城市的形成和发展。世界上很多城市的分布受自然条件的影响。城市建设的选址对地形及环境的要求也因时代而变迁。古代出于防卫需求，城市多选在丘陵或河川围绕的位置。矿山城市最初选址接近原材料产地，后逐渐接近市场，多向冶炼和运输方便的海岸发展。近代以来，因交通运输和通信条件的改善，良好的环境和生活居住条件成了科学城区区位的首选因素。由此看来，城市的形成和发展，不仅受自然地理条件的影响，还受资源、交通、政治、军事、宗教等社会经济条件的影响。矿产资源、淡水资源、动植物资源的丰饶度及其组合等自然条件会改变城市的发展轨迹。基础设施的状况是城市存在发展的基础，既有直接参与生产、服务的成分（如电、水、热、煤气等），又有间接支持生产、保障生产的成分（如交通通信、污水处理等）。自然条件在城市系统内部的衍生转化，会促进区域经济的发展，进而影响城市的性质、功能和特点。

近年来，随着城镇化进程的加快、经济的快速发展和人口的急剧膨胀，城市内部的物质代谢和城市间的资源交换呈现出不平衡的状态，现代城市“病”问题逐渐得到人们的重视。例如，能源资源的不合理分配、能源消费的与日俱增、能源对外依赖度不断加重等，导致二氧化碳、二氧化硫、氮氧化物等过量排放，生态失衡等城市环境问题层出不穷。这些问题不仅给资源环境承载力带来了巨大挑战，还限制了人类社会的可持续发展。

此外，碳排放与城镇化水平关系密切，在经济发展的过程中，人类向大气中排放大量的二氧化碳等温室气体，导致了全球气候变暖。气候变暖不仅给粮食安全、水资源安全、生态安全等带来了巨大压力，还严重影响了人类社会经济的发展。在此背景下，低碳经济发展模式得到世界各国的重视。如何控制碳排放增速和降低碳排放强度已成为各国亟须解决的重大问题，怎样才能做到减少温室气体排放，有效协调能源消耗与社会经济发展之间的关系，从而促进社会的可持续发展成为当前研究的热门话题。诸如此类的城市问题还包括水资源短缺、食物资源匮乏、“三废”污染严重等。

同时，随着工业化的发展，城市群系统已成为经济发展中一个活跃而有潜力的领域。在中国，城市群代表了一组具有相似的发展过程、文化、规模和地理位

置的城市。这些毗邻的城市系统演变成一个单一紧密耦合的系统，其组成部分之间有巨大的能量和物质流动。该系统可能会发展成一个单一的管理机构，或者每个城市系统可以独立管理。由于城市系统本身具有高度的复杂性，针对“城市病”问题的研究应当突破传统理论的束缚。对此，本书将生命体的概念引入城市乃至城市群的科学研究，将城市系统视为一个有机的生命体，探寻城市系统中的能源代谢与二氧化碳排放的互动规律、营养物质和水循环机理的演变规律、固体废物的循环转化机理、食物流通的生态特征与演变机理等。

参照《中共中央关于制定国民经济和社会发展第十三个五年规划的建议》，当前，我国城镇化率已经接近 55%，城镇常住人口达到 7.5 亿。习近平总书记曾指出：“城镇建设水平，不仅关系居民生活质量，而且也是城市生命力所在。”因此，在提升城市建设水平的同时，必须注重防治各类“城市病”，给百姓创造一个宜居的空间。同时，做好城市规划，依法落实城市建设，转变城市发展方式，提高城市发展质量和人民满意度，这是推动社会经济健康发展、提升人民群众获得感的必然选择。2014 年 2 月，习近平总书记在北京考察工作时强调：“城市规划在城市发展中起着重要的引领作用，考察一个城市首先看规划，规划科学是最大的效益，规划失误是最大的浪费，规划折腾是最大的忌讳。”由此看来，建设生态文明城市，不仅是一个理念、一个目标，更是一个长期艰苦奋斗的过程。

第三章　环境法的基本理论述说

环境法以保护环境为己任，作为一种新兴的、正在蓬勃发展的法律，其发轫于环境恶化的危难之际，承载着全社会各阶层民众对治理环境问题的厚望。一般认为，环境问题的产生与人类的行为密切相关，环境法主要通过调整对人类的行为来保护和改善环境。本章包含环境法释义、环境法的理论基础、环境法的基本原则三部分，主要有环境法的产生、环境权理论、环境保护优先原则等内容。

第一节　环境法释义

一、环境法的产生

人类生活在自然环境之中，人类的生产和生活会对环境造成一定的影响，但环境有一定的容量，有些自然资源可以再生，大自然有自己的净化和再生能力，所以环境问题在很长一段时间并不是一个“问题”。地震、海啸等由自然原因引发的环境问题非人力所能控制，在民事法律上称为“不可抗力”，是环境科学研究的主要问题。环境法所说的环境问题，是指由人类活动或自然原因引起的环境破坏或环境质量的变化，以及由此给人类的生存和发展带来的不利影响。环境法所研究的环境问题，是指主要由人为原因造成的次生环境问题，有的国家还称为“公害”。

环境问题并不是现在才有的，但在工业革命之前，环境问题对人类的身体健康、财产安全、生产生活并没有产生重大的影响。当人类发展到今天，环境问题已成为环境危机，对人类的生存和发展构成了严重的威胁。环境问题的产生有复杂的原因，既有人的认识方面的原因，也有经济、政治、法律制度、科技方面的原因。但我们必须看到，从古至今，甚至是不远的将来，人类的生存与发展必须建立在对自然资源不断索取的基础之上，这是环境问题产生的根本原因。随着科技的发展，人类的力量可以上天入地，对自然资源的开发利用越来越多。有些地球资源，比如石油、煤炭等是有限的，环境容量也是有限的，而人类的需求却是无限的，由此造成了环境问题甚至是环境危机，严重威胁到人类的生存和发展。环境问题的产生与人密切相关，与人的行为相关，而法律能够限制和影响人的行为，人类社会可以用法律来调整人的行为，鼓励人们保护环境资源，限制或禁止人类对环境资源进行破坏，从而达到保护环境的目的。在这个基本认识和社会需求下，新型的应用型部门法——环境法逐渐产生并发展壮大。

二、环境法的特点

（一）综合性

环境法是环境科学与法学的交叉学科，其充分吸收环境科学、经济学、生态学、伦理学的知识综合而成。环境法保护的对象十分广泛，保护方法更是多种多样，这就决定了环境法是一部综合化的应用型部门法。

（二）公益性

一个国家内的所有民众都生活在同一个大环境中，环境问题会威胁到所有民众的生存和发展。环境法是保护环境的法律，是社会各阶层民众就如何保护环境达成的共识，反映了社会全体成员的意志和利益。保护环境对每个人都有利，环境法是为每个社会阶层、每个人服务的部门法，具有很强的公益性。

（三）科学性

科学技术是解决环境问题的关键所在，是环境法的依靠性力量。环境法充分吸收借鉴自然科学、工程技术、生态技术等各种手段为其所用，同时包含非常多的科学技术规范，因此，环境法具有很强的科学技术性。

（四）共同性

人类生活在一个地球上，环境问题产生的原因具有共同性和相似性，环境问题是每个国家都在面临的严重问题，环境污染没有国界。加强交流与合作是解决环境问题的必然选择，各国政府解决环境问题的理论、措施、政策、手段、方式方法完全可以供其他国家参考使用。所以说，环境法具有很强的共同性。

三、环境法基本制度

首先，环境法基本制度属于法律制度的范畴内，其与相关概念既有联系，又有区别。法律制度有别于其他社会制度。弗里德曼在其所著的《法律制度》中提到，法律制度与其他社会制度的边界在于“法律”。法律制度与其他社会制度比较，具有三大特点。

第一，程序性。它必须是通过立法形式确定并完善的。第二，确定性。它规定了一定行为与一定后果之间的因果关系，这种关系是客观的、可预见的、相对稳定的，使法律关系主体在发生行为之前便能预料法律对自己行为的评价，从而自发地避免违反法律的行为。第三，强制性。它还从法律上明确了法律关系主体违反法律规定所应承担的法律后果，具有很强的约束力、威慑力。

其次，环境法基本制度是环境法律制度，与其他法律制度相比，能够体现出“环境法”的特殊之处。环境法律制度是为了实现环境法的目的和任务而发挥法制保障作用的法律规则、程序和保障措施的总和。因此，环境法基本制度具有三大特点。

第一，它是为了实现环境法的目的和任务。环境法的目的，也称为环境立法的目的，是指立法者拟通过制定实体法而实现的环境保护理想和目标。环境法的任务是保护生态环境系统的稳定存续，实现可持续发展。对环境法律制度的设计及运行，其主要意义是实现环境法的目的和任务。第二，它体现了环境基本政策与环境法基本原则。环境基本政策与环境法基本原则具有突出的指导作用，一般比较抽象，具有多种表现形式。而环境法律制度本身是可操作性非常强的实施性规范，它是环境基本政策与环境法基本原则的具体表现形式之一。一项环境法律制度可以体现一项或几项环境的基本政策或环境法基本原则，但不可能等同于它们。第三，它表现出环境工作的经验和环境活动的规律性。因为环境法律制度是环境工作的实践经验的科学总结，其主要依据是对环境规律的总结。环境工作的经验与环境活动的规律都具体体现在环境法律制度的设计、修改、运行、完善之中。

最后，环境法基本制度是环境法的基本法律制度，不同于环境法的具体法律制度。“基本”意为根本的、主要的。“根本的”是指基本法律制度在法律制度体系中处于核心地位，其能够反映本部门法的共通性和本质性。“主要的”是指与具体法律制度相比，基本法律制度发挥着更为重要的作用，占据主导地位，具有代表性。此外，发展得较为成熟、适用范围具有普遍性等特征也是基本法律制度与具体法律制度的差异之处。因为基本法律制度体现了该部门法的根本特性，所以基本法律制度对具体法律制度还具有指导作用。

四、环境法法典化的路径选择

（一）环境法法典化的概念

环境法法典化，顾名思义就是将环境法这一部门法进行系统性的编排。由于环境法的立法年代和立法思想不统一，导致环境法立法时总会出现一些适用困难的现象，如各法规之间具有矛盾性，即对同一事项有着不同要求，或者法条之间具有重复性，也就是对同一事项在不同法规中出现了相同的规定。这些现象使得环境法律体系长时间处于碎片化的状态，对环境法后续的发展极为不利，并且这些现象不是我国独有的，而是世界各国环境法发展过程中都会普遍存在的情况。各国环境法学者为了解决这些问题，提出要将本国现有的环境保护法律法规进行系统性编排的想法，通过对重复法律的删减、对具体规定的整改、对缺失法条的增补来达到完善环境法律体系的目的。这就是环境法法典化的内涵。这一方法看上去很像进行法律汇编，但与法律汇编还是有着实质性差别，法律汇编只是将已有法律进行格式上的编排与整理，并不进行实质性创造；而对环境法进行法典化是具有实实在在的创造性含义的，能够填补法律空白，也能够完善环境法律体系，这些效果都是环境法法律汇编无法达到的。

（二）环境法法典化的特征

环境法的法典化与其他部门法的法典化相比，最大特征就是更加具有动态性与开放性。传统的法典总是被认为过于固化，因为法典体系过于庞大，一旦被构建出来就很难被更改，所以早期的环境法学者并不赞同选择用法典化这种方法来构建环境法律体系。但是随着社会的不断进步，人们对于传统法典的定义也在不断进步，在欧洲国家更是出现了法典重构现象，此概念主要服务于各个国家的民法典，即“为了避免民法典出现固化现象而对其进行部分修改以保持其与时俱进

的能力”，这一现象对环境法学者产生了极大启发，他们认为如果法典能保持重构，那么环境法就当然可以选择法典化作为其用来完善体系的路径之一。

环境法法典与其他法典相比更具灵活性。民法所调整的法律关系建立在各个民事主体从事单一民事活动的基础上，刑法所调整的刑事法律关系也是建立在每个自然人利用不同违法犯罪手段对另一个体造成生命或财产威胁的前提下。环境法调整的法律关系则是建立在变幻莫测的环境问题之上的，所以环境保护法律法规更新的频率比传统的、较为稳定的部门法相对更高。而环境法典也是一样，一定不能受传统法典的稳定性特征的束缚，而是要在法典化的过程中时刻保持灵活性，在环境问题有新变化时及时地做出相应的法律变更，以此来保证环境法典的适用性，否则环境法典将会随着科技发展的进步以及环境问题的不断升级而逐渐被历史淘汰。

（三）环境法法典化的必要性

新中国成立以来，我国已与环境问题斗争了七十余年，在这七十余年里，中国成为世界第二大经济体的同时也同样面临着与西方国家的巨大鸿沟——生态环境上的差距。虽然我国从未停止过对治理环境方法的探索，也深受国际环保思潮的影响，但对于未来的路要怎么走仍有些许迷茫。我国应结合国内实际情况，走出具有中国特色的社会主义环境保护道路。

环境法的缺陷主要体现在完整性欠缺和结构性欠缺两方面。完整性欠缺是指我国的立法者在不断地填补环境法的空白，但仍有一些重要制度没有被深入研究过，如公民的“环境权”问题等。而结构性欠缺是指我国的能源结构、产业结构的缺陷所导致的环境法的缺陷。完整性与结构性是环境法体系所必须具备的，而这“两性”的缺乏则是对环境法体系的致命打击，所以想要从根本上完善环境法律体系，就要先从改变这一缺陷做起。

首先，编纂一部行之有效的环境法典有助于实现我国立法理念的转型。立法理念乃一国法律之根本，在先进立法理念指导下编纂出来的环境法典一般不会出现太过于严重的差错，并且可以带动整个环境法体系产生质的飞跃，巩固环境法的独立地位。其次，编纂环境法典能够对一些立法空白进行填补和完善，对重复的规定进行清理整合，对一些落后于时代发展的法律法规也可以借机进行全面的调整与升级。最后，编纂环境法典对于解决我国的结构性缺陷是一次千载难逢的好机会，虽然我国在努力改变能源结构与产业结构，但仍需要强有力的法律来做支撑。通过制定环境法典，可以构建起更加科学合理的环境法体系，平衡好防污、治污与环境保护之间的关系，为我国供给侧结构性改革做好法律服务工作。

第二节　环境法的理论基础

一、环境权理论

（一）环境权的提出

环境权概念自 20 世纪 60 年代被提出后，一直是环境法领域讨论和争议的焦点。肯定环境权的人有之，否定环境权的人也大有人在。

对环境权的定义、环境权的主体及客体、环境权的内容等没有一项大家能统一认识，这对权利的形成是不利的。据笔者分析，大部分学者期望建立起以环境权为基石的环境法体系大厦。因此，期望构建的环境权理论能够符合已有的环境法体系，在构建我国的环境权理论体系时，多从我国现有的环境法律制度出发来提取环境权的法律依据、环境权的主客体、环境权的内容，囿于这种固定思维的限制，学者们所构建的环境权理论体系是泛化的、难以明确界定的，而这影响了环境权的司法实践。大部分学者很难跳出这种限制，纯粹从环境权的应有之意去构建环境权的理论框架。另外，大部分学者均是法学专业出身，并不了解环境知识，这会影响学者对环境权的性质及内容的判断。

环境权利的阐述采取了多种形式和方法。要么利用现有的权利，如公民权利和政治权利以及经济、社会和文化权利等来阐明环境权利；要么仅承认环境权是一项程序性权利，或者承认环境权利是一项独立的实体性权利。当然，也有学者不认为它是一项权利。对环境权性质的认识不一致也是导致以人权为基础的环境保护陷入困境的原因之一。

（二）我国环境权解释

环境权理论在欧美国家较为成熟，虽然我国没有对环境权予以明确，但我国自 1972 年以来已经有涉及环境权的法律规定出现。

例如，《中华人民共和国宪法》第 10 条明确规定：“一切使用土地的组织和个人都必须合理地利用土地。”环境权是人权中应有的一种权利。使应有权利转变为

受到法律保护之下的法定基本人权，是对公民环境权利的保障、国家机关实现相关环境管理职能的法律依据。环境权的确立需要一个过程，不能一蹴而就。

把环境利益设定为保护好环境之后人们可以从中获取到哪些利益或益处。但是杨朝霞认为环境权的权利客体为环境利益，并仅把清洁空气、洁净水源等一类的利益作为环境利益。这样的环境利益仅包含了一个方面，未把其他的环境利益包含在内。人类对环境的利用包括两种：静态享用环境行为和开发利用环境行为。静态享用环境的行为赵英杰等称之为本能性环境利用行为，如呼吸新鲜空气、直饮天然水源。静态享用环境的行为会带来健康的身体和精神性利益，如愉悦、舒适的情感体验。开发利用环境行为基于环境资源的经济价值，是对物的处分，显然属于财产权的范畴。对一定质量的环境的静态享用可以使人获得健康的身体和精神性利益，也就是说，健康的身体和精神性利益有赖于权利主体对良好环境的静态享用，而静态享用是人之为人、不学自会的一项技能，如呼吸空气、饮用水源、享受日光等。拥有一定质量的环境是我们创设环境权的目的，一定质量的环境也有助于我们获得相应的利益——健康的身体和精神性利益，这些是我们追求良好的环境质量所带来的额外的好处。我们创设环境权的最初目的不是为了得到这些额外的利益，而是为了拥有良好状态的环境。

另外，有学者将环境权分为经济性权利和生态性权利。经济性权利作为财产权，暂且不予讨论。陈泉生在《环境时代与宪法环境权的创设》一文中，将生态性权利解释为环境法律关系的主体对一定质量环境的享有并于其中生活、生存、繁衍，其具体化为生命权、健康权、日照权、通风权、安宁权等，结合上文我们创设环境权的目的，发现这里所说的生态性权利也不是我们所说的环境权。我们所说的环境权是指对良好环境的享用权。

1.环境权是否可以个体享有

有的学者以环境的整体性来说明环境利益的不可分割特性，否认环境权的个体化。其实从环境的特点来看，环境具有整体性和区域性的特点，从范围来说环境也有大有小，大的如宇宙环境、地球环境等，小的有室内环境等。虽然环境利益是整体的，不可能计算分割到每个人的环境利益是多少，但是只要能确定每个人都可以静态享用一定质量的环境就足够了，并且本书也并不打算从环境利益的角度创设环境权。另外，有学者认为地球环境是自然提供给人类的客观利益，与其他人没有关系，此说法亦不完全正确。

虽然人类所欲获得的良好的环境有自然的功劳，但其他人的活动也会或好或坏、或多或少地影响环境，继而影响人类可以获得的环境利益。因此，现当代环境问题的发生可能不仅仅是自然引起的环境污染或破坏，或者人为引起的环境污染或破坏的单一方面原因，可能更多的是二者结合的结果。这部分本书仅仅从学理的角度分析环境权私法化的条件是具备的，至于从实践层面实现司法化则不置可否。

2.创设环境权的可能性和必要性

环境权是一项独立的、新型的并且可以为个人所享有的权利。但是目前由于没有我国立法方面的确切规定，环境权还是一项应有权利、道德性权利或习惯性权利，所以要想将环境权上升为一项法律权利，必须对环境权创设的正当性、可能性和必要性进行逻辑严密的论证。环境权的正当性基于环境利益的正当性是毋庸置疑的，甚至有学者将其作为第三代人权，并认为是天赋人权，是不可剥夺的。虽然目前学者构建的过于泛化的环境权理论无法运用到司法实践中，但是本书可以沿着上文的思路尝试对环境权的基本问题进行界定，以人对良好环境的静态享用为核心来构造环境权的理论体系。对良好环境的静态享用只可能为人所享有，所以法人、非法人组织、国家不能算作环境权的权利主体。目前，非人类中心主义的生态观非常推崇自然体本身的价值，但自然体作为法律上的权利主体，对它的利益进行法律保护还停留在争议阶段而未进入实践层面，因此，自然体目前也不可能成为环境权的权利主体，而当代自然人和后代人均可以实质性地享受良好的环境。因此，本书把环境权的权利主体设定为当代人和后代人，把环境权的客体设定为良好状态的环境，环境权的内容即当代人和后代人对良好状态环境的静态享用。

良好状态的环境具有主观性，但有学者建议可通过环境基准值的研究，用可感知的数据对良好状态的环境进行定量描述。这个问题可通过基础研究解决，但由于环境问题的综合效应有可能出现环境质量下降的状况，如北方取暖季，虽然每家每户都按排放标准排放污染物，但还是出现了雾霾现象，这种情况下，就无法找到侵害他人环境权的加害人，也就无法实现环境权的救济。仅此一方面就证明了创设环境权的可能性是没有的。

创设环境权的必要性是指非此不足以保护该利益，若环境侵权中侵害到他人的财产、健康、人身等传统权利，则对此类环境侵权设定一些特殊的适用原则或规则，如现行环境法对环境侵权设置的无过错责任原则、因果关系推定原则等均是普通民事责任的变通规定；对环境侵害只损害到生态环境的，则可使用生态环境损害赔偿制度等。由此看来，并非只有通过环境权的创设才可以达到环境利益的实现。因此，创设环境权的可能性低，必要性不够。

环境权是一种新型权利，是以追求良好环境为目的的权利，但这种权利因为环境责任主体无法确定，司法救济难以实现。

（三）环境权概念的诘难

1. 环境权绿化论

环境权的“绿化”，即利用现有的权利如公民权利和政治权利以及经济、社会和文化（如生命权、健康权和隐私权等）等权利，来阐明、解释并应用于环境保护，这被称为对现有人权的绿化。尽管这种重新诠释现有人权的方式可能不足以保护更广泛的环境，但这种方法在目前阶段很有用，为未来承认独立的环境人权铺平了道路。一方面，环境保护是未来实现人权的一种方式，因为自然环境的恶化会直接导致人类的生命权、健康权等人权受到侵害；另一方面，对人权进行保护也可以促进环境保护的实现，从而构建起一个健康和安全的社会秩序。由于环境权与人权在很多方面都可以相互促进，将环境权与人权在彼此的框架下进行扩展也符合目前的国际趋势和人类利益。

（1）生命权

生命权是人权体系中最重要也是最普遍的一种人权。全世界大规模的环境破坏不仅对大自然造成了巨大的伤害，也让人类面临巨大的威胁，这就为以解释生命权对环境进行保护提供了可能性。生命权是所有其他类型权利的本质，因为它是人类存在的理由，受威胁或终止的生命无法享有其他的权利。如果环境的污染和退化对人类的生命和健康造成了威胁，相应的权利必然受到牵连。国家层面也出现了大量运用生命权来保护环境的判例，在世界范围内产生了很大的影响。

（2）健康权

同生命权类似，健康权也是国际人权法和很多国家的宪法中明确规定的一项基本人权。人们很容易理解健康权蕴含的环境内容：良好的环境条件包括干净的空气和水、安全而有营养的食物以及适当的卫生条件对于健康至关重要，而被污染的环境对人们的健康状况有着明显的消极影响。

（3）适当生活水准权和水权

与健康权相似，适当生活水准权和水权也是最容易受到环境影响的权利。《经济、社会、文化权利国际公约》第 11 条规定：保障所有人享有适当生活水准的权利，包括适当的食物、衣服、住房以及持续改善生活的权利。经济、社会和文化权利委员会在《关于健康权的第 12 号评论》中详细阐述了适当生活水准权和水权的内容以及各国应承担的相关义务。

2. 环境权独立论

环境权独立论的支持者认为，尽管可以通过对现有人权绿化的方式对环境权利进行阐述，但这种阐述方式是以人类为中心的。对这种既有权利的扩张性解释能够在一定程度上起到保护环境的作用，但是不能对环境利益给予充分和全面的保护。以生命权为例，只有当环境污染对生命健康已经造成或者即将造成严重危害时才可以行使这种权利。但是对生命的保护是刻不容缓的，如果等到生命真的受到威胁时再去保护可能为时已晚。但是目前法律就是要求查明侵犯现有权利的行为后才能将这种行为视为侵犯人权的行为。欧洲人权法院指出，人们无权针对广泛或普遍的环境损害提出诉讼要求。

正如谢尔顿所言，这意味着现有的人权体系不适用于解决保护自然资源和维持生物多样性等问题。一些非环境污染的情况如生物多样性的减少、环境景观的破坏等，它们与公民的生命权、健康权没有直接的关联，这就很难援引生命权对环境进行保护。同理，尽管气候变化也有可能会影响本章所述的一系列权利，但气候变化问题会受到一系列复杂、积累和相互关联因素的影响，援引其他权利来证明气候变化损害了人权的理由是非常有限的。因此，很多学者认为可以通过对独立的、实体性环境权利的承认来解决环境退化对人权的影响问题而不必援引现存的人权。波波维奇认为，目前以国家为中心的国际环境法在保护环境方面的作用非常微弱，他认为国际社会在开发国际环境文书方面已经花了太多时间，但是效果不尽如人意。因此，可以建立独立的、实体性环境权作为对传统国际环境法的补充。

二、可持续发展理论

可持续发展理论的外在表现是人与自然之间的关系，人类的生产无法脱离自然界中的物质基础以及能量的供给，人类的生活离不开自然环境提供的基本空间场所。自然演进是一个人类无法干预的客观性过程，如果人类不顺应自然界的基本规律，由此带来的挑战和压力必将让人类社会无法延续。人类社会不休止地扩张发展，在短期内的确能提升人的生活品质，但从长远来看，必将抑制人与自然的协同进化，不利于人类社会的发展与生态文明建设。

三大基础原则是可持续发展理论的奠基石，包括了公平性原则、持续性原则和共同性原则。公平性原则指的是在三方面寻求公平，一是当代人的公平，二是不同代际间的公平，三是在环境利益方面开发和利用的公平。持续性原则指的是在地球的环境与资源禀赋以及承载能力有限的前提下，人类的活动不能超越

前者的范围，既要考虑当前的发展，又要对未来的利益进行保护。虽然在可持续发展的理念下，世界各国的执行方式不尽相同，但前述的两个原则是相通的，这就是共同性原则。强调地球是一个整体，只有联合起来，才能保护人类共同的家园。

第三节　环境法的基本原则

一、环境保护优先原则

（一）环境保护优先原则适用的条件

1. 应充分把握环境保护优先原则的内涵

法律原则的适用，不能脱离本身的基本特征，应结合社会发展的实际情况，以法理释意的方式定位适用空间。该原则内涵丰富，优先原则指的是同等条件下，可以优先考虑，并不意味着绝对优先，具有相对性。主要指在社会发展过程中，当经济发展与环境保护相冲突时，应优先考虑环境保护。

2. 利益兼顾是环境保护优先原则适用的先决条件

“无法兼顾的冲突”是指经济发展与环境保护之间存在不可调和的现实冲突，此时环境保护与经济发展无法兼顾、不能共存。环境保护离不开经济发展，这从根本上决定了二者不具备相对独立性，保护环境是在经济发展的前提下进行的，经济发展更不可忽视环境保护。二者都存在相对应的利益，更具备一定的价值，具备价值就说明两者间的冲突很难避免。法律的主要功能就是协调各方关系，因此，环境保护优先原则的适用，不能采取一刀切的办法，要综合各方因素，如环境的可承载性、经济发展的必要性、群众生活需求程度等，以兼顾各方利益，体现原则适用的合理性。

（二）环境保护优先原则适用的难点

1. 很难平衡经济与环境间的关系

经济发展和环境保护是相辅相成的，二者的最终目标是一致的。发展经济是为了不断满足人们的物质需求，保护环境可以让人们身心愉悦、保持健康，在一定条件下，可以互相转化。经济发展的最佳形态是绿色、可持续发展，二者间既是冲突关系，也可以相互包容。

近年来，国家倡导企业高质量发展，这就要求企业不但要发展，而且要改变发展理念。在新兴产业上下功夫，在科技含量上下力气，产业结构合理了，污染减少了，空气质量变好了，环境保护自然就实现了。所以，在任何情况下，都应统筹考虑。平衡二者关系是环境保护优先原则适用的难点之一,二者在一定范围内具有可协调性。

2. 公民生存权利往往遭到忽视

在环境保护过程中，公民生存权利应得到充分尊重，保障生存应优先于环境保护和经济发展。在适用该原则时，不论该地区经济发展状况如何、环境保护水平如何，首先要把公民能否生存放在第一位。这也给该原则的适用带来了另一道难题，即公民生存权的界定。由于我国各地的发展不均衡，公民的生存条件存在一定的差异，在合理处理经济发展与环境保护关系的过程中，对于公民生存权的考虑往往很难周全。

（三）环境保护优先原则适用的关键

1. 融入法律运行机制

第一，作为我国环境法的一项基本原则，与其他法律原则一样，该原则具有强制性，在社会发展进程中，应该严格贯彻执行。同时，该原则可借鉴性不足。保护优先并未出现在大多数国家的环境基本法中，甚至只是极少数国家的立法实践。

第二，这项原则具有很强的宏观指导性，为我国的环境保护事业提供了方向指引，不管地区经济发展状况如何，都应严格遵照实施，保证该原则的普遍适用性和权威性。环境保护优先作为法律原则，在具体案例中，很难像法律规则一样直接解决问题，要充分保障这一原则的适用，应当全面融入当前的法律运行机制，与具体的法律规则结合。

2. 满足居民的基本生活需求

在《中华人民共和国环境保护法》修订后，有学者认为如果仅从环境保护优先原则的字面意思来看，可以说该原则仅指对环境的保护优先于对环境的开发利用，但这样解释就不能完整地处理环境保护与经济社会发展之间的矛盾。在环境保护原则方面，国外立法与国内现阶段立法大同小异，多数秉承环境保护优先的原则。其主要内容为，在环境管理过程中，当环境利益与其他各种利益无法协调时，把保护

环境放在首位。值得注意的是，国外立法中，这条原则包含的内容比较丰富，还包括优先考虑居民的健康权、生存权、劳动权等。这些法律规定，与我们国家倡导的以人为本一致，把人的因素放在首位，充分体现了人的基本权利在环境保护中的重要地位。

3.确保环境保护优先原则落地

保障“环境保护优先原则”顺利适用，有两个观念必须改变。一是各级政府不能只盯经济建设，不能将经济发展与否作为衡量政绩的唯一标准；二是经济建设先行，其他可以缓一缓、放一放的思想不能有。因此，健全行政、司法机制很有必要，各级政府应建立环境保护目标责任制，把环境保护优先原则体现在工作考核中，把环境保护工作前移，注重预防和监管；在司法领域，完善环境执法机制，不断强化综合执法能力，将环境保护优先原则作为法律的基本原则，并将其充分应用到司法审判中。

二、公众参与原则

公众参与原则是我国环境法的基本原则，是指在自然环境资源保护领域，公民有权平等地参与环境立法、决策、执法、司法等与环境权益相关的一切活动。公众参与原则是环境民主、环境法治以及环境正义等环境基本价值的具体体现，对监督政府守法、保障环境法的良好实施以及推进环境保护活动的发展等方面具有重要意义。

（一）公众参与原则的实施现状

1.权利基础与权利救济欠缺

环境法当前遭遇的最大考验是环境权入宪。这是对环境权效力层级的确定，也是获得宪法保障、权利救济的前提条件，其将对环境立法、执法和司法产生巨大影响。将环境权写入我国宪法，是对宪法原则“国家尊重和保障人权”的贯彻落实。环境权不仅应当是一项宪法权利，也应成为公众的一项民事权利。环境权作为法律制度设计的基础，仅仅具有根本法上的效力，并不能满足其可行性的要求，基本法的效力是不可或缺的。

2.公众参与范围狭窄且模糊

与环境相关的事项，仅有小部分事项比如环评、社区美化建设等公民有参与的机会，大部分涉及公众切身利益的环境决策，参加的机会少之又少；或者可以参与的也仅是公务人员等小范围人员，这与公众参与原则的立意相去甚远。《中华人民共和国环境保护法》中对环境保护涉及的主体规定得十分模糊，这种模糊的规定增加了法律实践的难度，明确环境保护的各类主体，细化各类环境项目涉及的对象，强化公众参与力度是未来完善环境法主体势在必行的一步。

3. 制度有效性欠缺

目前，虽然我国在相当数量的环境行政决策中引入了公众参与的内容，但是公众意见并没有有效、直接地影响到决策的结果，并非行政决策的决定性因素。甚至实践中存在参加听证会的人其实是决策单位其他部门的工作人员的情况，部门之间为了更好地合作，几乎没有人提出反对意见，相当一部分的听证会流于形式。

4. 参与机制不成熟

《规划环境影响评价条例》的草案在设立之初，设置了单独的一个章节，就环评中公众参与的相关程序的设置进行了明确而详细的规定，大致内容包含环评文件公开的具体形式、公开的时间、公众参与的形式与保障措施等内容。但这些在正式颁布的文件中被笼统地规定为只有涉及公众环境权益的规划，公众才能以座谈会等方式参与其中。草案中将公众参与环评的时间确定为“全程介入”，而在正式颁布的文件中，将之修改为“在规划草案报送审批前”。这样的做法，使公众参与原则在环评规定中没有被细化，直接后果就是阻塞了公众参与的途径，使环境保护组织介入此类环境事件没有了法律依据。公众参与方式不明确，参与机制不成熟，甚至缺乏公众参与机制，使环境法中的公众参与原则在实践中步步受阻。

（二）完善环境法公众参与原则的具体举措

1. 完善公众参与原则的相关立法

我国的环境法公众参与原则发展至今，在立法工作上已然取得了一定成效。环境权是公民获得宪法保障、权利救济的先决条件，因此，将环境权引入公民基本权利是合理的，也是必要的。

2. 强化环境行政决策和行政执法中的公众参与

公众参与原则致力于在公众环境权益与国家环境行政权力之间找寻平衡。只有加强环境行政决策领域与环境行政执法领域的公众参与，法律与行政相结合，突破行政领域公众参与现有的困境，才能完善环境法的公众参与原则。

三、协调发展原则

人类中心主义在经济发展与环境保护的问题上，强调发展是天然合理的，只有经济不断增长才是人类发展的最终目标和根本价值取向；突出人与自然的对立

及分离，极力鼓吹人类应当征服自然，成为自然界的主人，不考虑自然界其他生命体及生态系统存在的特殊价值，任何事物都须以人类为中心，将人类社会的发展建立在对自然、生态的掠夺性开发利用上。

从实质上看，这种人类中心主义的发展思路具有明显的“反自然性”特征，突出并加剧了人类与自然的对立，使人类频频遭受大自然的报复，比如温室气体排放导致全球海平面不断上升，空气污染导致人类的生存环境逐渐恶劣。20 世纪 70 年代以来，由于全球性生态危机日益加剧，人类中心主义的生态伦理观被认为是导致这一危机的罪魁祸首。

协调发展原则产生之初也期望经济发展与环境之间能相互协调，但是随着实践的发展，协调发展逐渐被异化，成为服务于经济快速增长的重要原则，体现出浓郁的人类中心主义韵味。我国自改革开放以来的很长一段时期，坚持以经济发展为中心，在经济建设领域取得了令人瞩目的成绩。

与此同时，经济的高速发展忽视了环境自身的运行情况，在以人类为中心的思想下，对经济利益的追求总是能以摧枯拉朽之势压制对环境保护的理性选择，更看重眼前的经济利益，导致协调发展原则在实施运作过程中逐渐异化。实质上使协调发展原则成为追求短期经济效益、忽视环境利益的“护身符”，最终导致经济发展始终居于首要地位。

四、环境优先原则

环境法是伴随环境问题的发展而产生的，是致力于应对环境问题的领域法。环境优先原则的确立，体现了生态整体主义的价值内涵，在生态整体主义思想路径下，人类作为法律主体，对维护生态系统负有道德义务。随着环境问题不断凸显，工业社会固有的征服自然的观念，逐步被尊重自然、顺应自然和保护自然的思想观念所替代，人类不断反思过度开发利用自然资源所带来的严重后果。

生态整体主义并不意味着向生态中心主义转向，而是在保护路径和保护手段上更加关注生态系统的整体性（而非其组成部分），更加强调法律主体的环境保护义务以及生态系统对人类行为的限制。环境优先原则的提出，是对协调发展原则的评判和进一步升华，在生态整体主义价值导向下，对环境问题与经济发展进行衡量，环境问题须处于相对优先考量的地位，对环境优先原则的把握，需克服绝对主义的价值判断误区。

环境优先原则的内涵也贯穿了协调发展原则的理念，当环境与经济二者无法

调和时，应当将环境保护置于优先地位。协调发展原则之所以难以应对环境问题，在于其在实践过程中，逐步被异化成只重视短期经济效益的原则。在现实中，两者的矛盾性、对立性更为突出，必须要有所取舍，“协调发展”只是回避这种矛盾，“环境优先”才是直面矛盾、代表未来环境法发展方向的一个新原则。在生态整体主义的价值指引下，当环境与经济发生冲突时，应放弃不可持续的经济增长模式，优先选择维护环境的良好运行模式。

第四章　自然资源利用与保护法

人类对自然资源的需求量日益增大，过度开发利用自然资源必然导致资源短缺、环境污染、生态退化等问题，直接或间接影响人类自身的生存与发展。人类需要加强对自然资源价值及利用的认识，在开发利用的同时，加强保护与管理，运用科学手段增强自然资源生产力及其再生能力，对自然资源管理制度进行必要的变革，实现对自然资源的合理利用，保障人类社会可持续发展。本章包含土地资源的利用与保护法、水资源的利用与保护法、矿产资源的利用与保护法、森林资源的利用与保护法四部分。主要有耕地资源利用与保护法概况、中国水资源开发利用现状、矿产资源开发利用与保护理论基础、森林资源概述等内容。

第一节　土地资源的利用与保护法

一、耕地资源利用与保护法概况

目前，我国正处于城镇化进程中，人地矛盾十分突出，耕地数量因为撂荒、占用等原因还在逐年减少，耕地质量也因为污染等问题不断下降；同时我国耕地后备资源不足，大部分耕地处在干旱和水土资源流失严重的地区，陡坡地和山地多、平地少，优质耕地非常少。土地是一切文明的物质基础，是人类繁衍生息的基本条件，足够数量的耕地能够改善一方的生存环境和生态环境。

（一）各地耕地资源利用与保护情况

改革开放40多年以来，我国耕地面积持续减少，虽然各省致力于维持耕地总量动态平衡，但新增耕地面积超过原有耕地减少面积的只有4年。从耕地面积减少的省份来看，减少最快的是东部地区的沿海省份；其次是一些中部省份，这些省份经济发展越迅速，建设用地占用耕地的现象就越严重，同时耕地后备资源少，导致沿海发达地区的耕地面积一直处于持续减少的状态。自然条件较差的西部省份，虽然耕地面积在减少，但可利用的荒地面积大，有些年份耕地面积是增加的。

（二）我国全国性耕地保护立法情况

目前，我国采用的耕地定义由1984年的概念发展而来，耕地资源的持续减少促使国家制定了相应的法律法规。1981年颁布的《国家建设征用土地条例》中包括耕地保护的内容。1982年，土地利用上升为基本国策。此后学界对于耕地保护的内涵也进行了讨论，纪昌品等学者从数量、质量、生态、时间、空间和利益等方面分析了耕地保护的内涵。有学者指出土地有限和空气、阳光无限。虽然这些讨论仅限于理论层面，但对认识耕地保护内涵具有启发意义，直到十八届三中全会以后，耕地的生态保护才被提上日程。

我国从改革开放伊始便实施了一系列耕地保护的政策和措施，从基本国策的发展，到1986年土地管理局的正式成立，再到1995年《中华人民共和国土地管理法》的颁布，标志着我国的耕地法制保护在不断进步。目前我国以法律、行政法规、规章、条例、地方性法规以及耕地占补平衡、土地用途管制、基本农田保护和土地整治等相关制度为主，形成了较完备的耕地保护法律体系。《中华人民共和国土地管理法》的修订及《中华人民共和国基本农田保护条例》等相关法律的实施，实现了用法律的强制手段来保护耕地。

1. 耕地保护立法存在的问题梳理

立法内容过于注重原则性，缺乏制度实施的具体规定。我国的耕地保护法律对耕地的生态价值还未做规定。虽然在提倡数量、质量、生态三位一体的保护理念，但仍然缺乏可行的规范措施。立法保护对具体的实施措施缺乏细致的规定。在耕地保护过程中太强调宏观性，法律法规就只是一个空洞的口号、一个美好的向往。

土地规划内容空泛，宏观性太强，没有配套的实施办法，没有发挥土地规划

应有的作用。仔细分析发现，我国的土地规划只是一种土地管理的行政手段，没有确立土地规划的龙头作用。虽然土地规划有诸多内容规定，却没有发挥出很好的法律效力，使得土地规划难以贯彻执行。

耕地保护缺乏公众参与。我国现行的耕地保护体制忽视了农民和农村集体经济组织的作用。《中华人民共和国基本农田保护条例》第14条和《中华人民共和国土地管理法》第33条直接将耕地数量保护的责任赋予政府，殊不知，农民与耕地是息息相关的，耕地是农民安身立命的根本，农民保护耕地是为了自身的生存，因此过去农民会像保护命根子一样热爱耕地、保护耕地。随着社会经济的发展，人们有了更多的选择，农民保护耕地的动力随着客观环境的变化而减弱了。同时以中央政府垂直领导的保护体制无法考虑到各地的实际情况，只是在宏观上维持了耕地数量的稳定，这样的保护体制对于撂荒的现实显得力不从心。

耕地保护内容不健全。《中华人民共和国基本农田保护条例》第9条规定了基本农田的占比，实际上我国不宜耕种的耕地占到耕地总数的一半以上。此外逐级下达未能考虑当地的实际情况，导致地方政府为完成上级指标而将质量较差的耕地划成基本农田，违背了保护基本农田的初衷。有的地方单纯为了GDP的增长，将劣质耕地也划入，反而将一些优质耕地留作建设用地，这种做法没有实际意义。

2. 我国耕地保护相关立法的完善

（1）重视土地规划的法律地位

要改变传统的土地规划制订的思想，取缔用行政手段自上而下分解规划任务的方法，重视市场作用，加强对土地资源信息的全面掌握，用科学的指导思想编制科学、合理、易于执行的土地规划。土地规划是各级政府实施土地管理和耕地保护的主要方针和依据，同时土地规划具有综合性和系统性。针对土地规划的内容宏观、不够具体，难以处理实践中的复杂问题，要确立土地规划在土地法律规范中的龙头地位，出台详细的与土地规划相配套的规范，方便在实践中执行。

在制订土地规划时，首先要充分地进行土地调查和土地统计，提高土地规划的科学性与合理性；其次根据土地调查获得的基本信息，科学划分土地用途，对耕地着重进行保护。

（2）落实公众参与原则

实践证明，公众参与原则在耕地保护甚至环境保护中具有举足轻重的地位，因此必须注重耕地保护的公众参与，将政府的耕地保护目标与农民的自觉行为相结合。在耕地资源日益紧张的今天，必须调动农民的积极性和主动性，提高他们的耕地保护意识，制定具有可操作性的激励机制，增加种地补贴，提高务农收入，避免耕地撂荒。

同时，农村集体经济组织是对本村的耕地最熟悉、最了解的组织，它可以为政府决策提供有用的信息，因此，它在耕地保护中的重要作用不言而喻，政府可对集体经济组织提供经济补偿，促使其自觉参与到耕地保护当中来。

（3）健全耕地保护内容

著名法理学家博登海默认为："一种法律制度，如果跟不上时代的需求或要求，而且死死抱住上个时代的观念不放，那么这种法律制度是没有可取之处的。在一个变幻不定的世界中，如果把法律仅仅视为一种永恒性的工具，那么它就不能有效地发挥作用。"世易时移，我国的社会情况发生了巨大变化，新的耕地问题也不断出现，过去的一些立法已经不再适应耕地保护的客观需求，如今的耕地保护内容亟待完善。

二、城市土地资源利用与保护法概述

近年来，随着城市居住人口持续增长，城市的土地资源日益紧张，许多地区的城市规划管理存在一定的局限性，城市土地资源利用与环境管理规划的相关问题也逐渐显露，主要表现在土地利用率低、资源分配不合理、环保工作不到位等方面，这些问题不仅会严重影响到整个城市的建设风貌与稳定发展，对城市生态环境也会造成极大的伤害。

（一）土地资源利用与环境管理规划的重要意义

土地资源合理利用在生态学意义上有助于使土地长期保持生态稳定性和生产力；在社会发展意义上则可以发挥出土地资源的最大利用率，进而大力促进经济增长、社会稳定和国家繁荣昌盛。

与此同时，环境管理规划与土地资源利用都是城市规划管理的重要内容，二者的有效落实与城市规划管理的全面性提升有直接关联，可以实现自然环境和人文环境的良好保护，并且有利于推进城市文化风貌的形成，促进城市长效、稳定发展。

（二）土地资源利用与环境管理规划的现实问题

1. 土地管理体系不完善

许多地区的城市规划过于注重城市建设与经济发展，土地资源开发与利用不

具备明确的发展目标和管理体系，导致土地资源利用率较低、区域范围内的土地划分不合理，这不仅严重影响了城市规划的合理性，还会导致土地资源浪费、经济发展受限等一系列问题。

2.土地资源利用效果不理想

我国许多城市为了快速提高经济发展水平，通常选择大力开发土地资源，但这些并未建立在资源合理利用之上，没有将经济发展、人文风情、生态环境、历史古迹等纳入土地资源开发的考量范围，最终导致城市区域内存在大量已开发或开发中的闲置土地，导致土地资源浪费极为严重。

3.环境管理规划未有效落实

开展环境保护工作是构建城市生态和提高城市宜居度的基本要求，环境管理规划与城市的可持续发展息息相关。然而，目前许多地区在进行土地资源开发与利用过程中只专注于经济效益，忽略了生态效益和环境资源的重要影响作用，不仅没有进行科学的环境管理规划，反而对自然生态环境造成了严重的破坏，不利于城市的长远发展。

（三）土地资源利用与环境保护的有效策略

首先，地方政府应当加强土地的规范化管理，制订健全的土地管理体系。一方面，对土地开发市场进行严格监管，减少过度开发、违规用地等情况，确保城市土地资源的合理开发与有效利用。另一方面，大型土地开发利用项目必须具备完善的开发方案，同时需要参考多方意见，积极接受社会公众的全面监督，使土地资源利用更加合理化和公开化。

其次，进一步优化城市土地资源开发与利用制度。土地资源利用方案必须根据城市未来的建设计划和可持续发展理念进行设计，在其注重经济效益的同时能够涵盖城市人文风情、历史文化内涵等内容，以全方位提高土地资源利用率。

最后，城市土地资源利用应当基于可持续发展理念与环境管理规划展开深度融合，重视生态效益对稳定土地生产力的保障作用，在土地资源开发与利用过程中加强生态环境保护工作，提高土地绿化面积，这样不仅有利于保护生态环境，还可以有效提升居民生活的舒适度。

（四）对土地资源保护的立法建议

1.土地资源保护法律体系要健全

联合国《21世纪议程》中，要求各国制定和实施一个全面的、有制裁力和实施力的法律或法规。各国由于国体和政体不同，土地资源保护的立法形式和内容也各不相同，但是在追求土地资源保护法律体系的完整性方面是一致的。应当使土地资源保护立法与其他领域的立法一样，形成一个范围庞大、内容完整的法律体系。

2. 土地资源保护基本制度要长期稳定

土地资源保护立法内容的变动是绝对的，世界各国现行适用的土地资源保护法律几乎都进行过修订调整，但是立法中土地资源保护的基本制度通常是相对稳定的。坚持在稳定中求变动，在变动中保持稳定，已成为各国发展本国土地资源保护事业的重要原则。目前，中国确定的土地资源保护基本制度是稳定的，但是还应进一步完善。

第二节　水资源的利用与保护法

一、中国水资源开发利用现状

中国属于世界典型的人口大国，虽然国土面积广阔，但是人口基数大，人均水资源严重低于世界平均标准，并且当前水资源分布明显失衡，空间分布东多西少、南多北少。从水资源开发利用角度上看，中国用水最多的行业为农业，其用水量占全国总用水量一半以上，其中灌溉农业更是占据农业用水量的一半以上。与其他发达国家相比，中国的灌溉技术存在明显的落后性，这也严重影响了水资源利用率的提升。在工业领域，除了清洁和加工，冷却和传送环节也需要消耗大量的水资源。当前中国虽然已加强了对工业用水的定额管理，但是水资源循环利用的效率仍然比较低，甚至存在污水直接排放的情况，这些问题对原有的水资源造成了二次污染。由于污染问题没有得到及时管控，缺水问题也将更为显著。

二、水资源开发利用与保护中存在的主要问题

（一）缺乏对水资源开发利用与保护的正确认知

在对水资源进行开发利用的过程中，人们仍然缺乏对地下水补给的正确认识，一味地进行地下水的开发使用，使得水资源供给不足问题更为显著。因此，在实际工作中应制定长远的发展目标，在制定相关法律政策的过程中，转变群众错误的理解和认知，提高群众对水资源利用问题的关注度。

（二）缺少健全的水资源开发利用与保护制度

在水资源的开发利用与保护工作中，要想实现对水资源的高效利用，在更大程度上提升保护质量，首先应具备先进的水资源管理制度，从而满足现代社会发展对水资源的使用要求。但是在水利工程管理工作实施过程中，因为缺少资金方面的支持，缺少统一的收费标准与管理制度，工作人员在收缴水费时会遇到非常多的问题。

另外，水资源管理单位结构不合理，不仅人员总量过剩，还缺少相应的技术性人才，在技术方面得不到有效支持，从而对水资源规范管理工作的开展形成了一定的阻碍，同时也导致水利工程管理体制的作用得不到充分发挥。如果站在管理机制的角度上分析，目前管理机制在内容上灵活性不足，缺少足够的资金支持，管理工作不够细化，在水资源管理中往往将重点放在了建设方面，而没有对管理工作给予高度重视。相关水管单位通常只对所建设的新项目进行投资，没有对已投入运行的项目给予重视，因此后期很多维修工作没有得到有效落实。特别是农村小型水利工程，由于缺少足够的管理经费，很长时间没有进行维修与管理，由此带来了非常严重的水资源问题。

在处理和排放废水的过程中，很多企业为全面降低企业污水处理成本，没有严格执行国家的要求和规定，这种情况普遍存在于各类企业中。长期处于这种不良的发展状态，水资源和水环境都将受到严重的影响。长期下去，生态环境的自我修复能力无法承受巨大的压力，致使治理工作的开展受到极大影响。

（三）缺乏先进的节约用水理念

在现代社会经济快速发展的背景下，可持续发展理念受到了整个社会的高度重视。要想满足社会经济可持续发展的要求，就必须树立先进的节约用水理念，实现对水资源的高效利用，在此基础上构建节水型社会。但是结合目前的实际情况来看，中国的水价还比较低，在家庭支出中，水费只占了非常小的一部分，人们不会认识到节约用水的重要性。企业及事业单位也是如此，在生产成本及各项经费支出中，水费占的比例非常小，节约用水很难受到单位的高度重视。这些现象的存在，会对节水技术及节水措施的实施形成一定的阻碍，不利于水资源的高效利用。

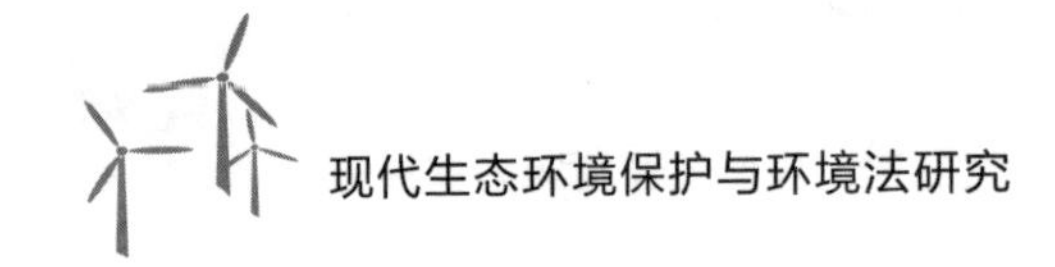

（四）缺少完善的节约用水及水资源保护制度

长期以来，人们没有对节水问题形成深刻的认识，只是在生活与生产中不断地对水资源进行索取，没有从根本上对水资源浪费问题进行思考。很多人认为，水资源属于可再生资源，没必要采取节水措施。因为在思想认知方面存在一定的误区，没有认识到节约用水的重要性，同时各类企业及单位在使用水资源时，没有制定出合理的使用策略，这也在一定程度上降低了水资源的使用效率。

三、水资源利用与保护中应遵循的基本原则

（一）坚持人水和谐相处的基本原则

在自然环境中，人不只是自然资源的享受者，也是自然资源的守护者，在利用自然资源时，不可以成为自然资源的破坏者与浪费者。因此，在对水资源进行开发与利用时，应严格遵守人水和谐相处的基本原则，在满足人类正常使用需求的基础上，满足水生态的需求，不但要对经济用水与社会用水进行充分考虑，同时还需要对生态用水、环境用水等加以高度重视。

（二）坚持以水定发展的基本原则

通常情况下，企业在生产与发展过程中对相应的产业结构进行明确时，首先需要对水资源的供给进行深入分析，在水资源有效供给的基础上，对城市产业进行合理布局，同时保证城市功能作用的正常发挥，促进社会经济实现稳定发展，而这些目标的实现都需要与水资源的承载能力相匹配。

（三）坚持统筹规划综合治理的基本原则

在水资源利用与保护中，需将除害与兴利相结合，开源与节流并重，同时全面实施相应的防洪抗旱措施，对水资源利用与保护中存在的各类问题进行有效处理，认识到建设与管理具有同等的重要性。只有严格按照合理的程序对水资源进行开发，保证水资源供需平衡，对现有的水资源使用结构进行优化与完善，才能将水资源的综合效益充分发挥出来。

（四）坚持流域管理与区域管理相结合的基本原则

站在水资源系统性及总体性的角度进行深入分析，在对水资源进行利用与保

护时，应严格采取流域管理的基本方式。但水资源在时空分布上具有非常明显的不均匀性，因此，不同区域在水资源特点方面也具有非常明显的差异。针对这种现象，在对水资源进行开发与利用时应站在实际角度进行充分考虑，将流域管理与区域管理进行有效结合。

四、水资源开发利用与保护的相关对策

（一）树立先进的节水观念

要想实现对水资源的合理利用，保证相应的水资源管理工作得到全面实施，首先，应转变传统的思想观念，树立先进的节水观念，全面认识水资源节约的重要性。因此，在节水方面应将相应的宣传工作进行全面落实，同时对各方面舆论进行合理引导，保证群众可以全面认识到水资源的重要性及不可再生性，通过这种方式进一步强化群众的节水意识，使其在日常生活与工作中主动做到节约用水及保护水资源。其次，应根据实际情况构建完善的用水指标，对用水指标的明确，可以提升人们在用水过程中的责任感与危机感，让人们认识到节约用水的重要性。同时，还需要进一步强化计划取水及节约用水意识，帮助用户制订年度取水计划，从而实现对水资源的合理配置。最后，应保证水价的合理性，我国的水价长时间处于较低的水平，导致人们用水时毫无顾忌，所以应制定合理的水价，有效提升人们的节水意识。

（二）加强对水资源的管理与保护

除了要关注生活废水和工业废水的排放问题，政府部门在实际工作中还应加强对相关工作的监督与管理，充分强化对废水排放的监管力度。如果污染问题已十分严重，就要禁止企业排放污水，处理效果达标后才能开展后续工作。为充分发挥当前水资源的优势作用，企业在实际工作中要加强与政府部门的有效配合，在优化和完善污水处理技术的同时，积极落实节能减排要求，从而实现对水污染问题的高效、科学处理。

此外，政府也应切实加强监管力度，尤其是工业企业密集地区，更需要加快对相关污水排放标准的制定，积极构建和优化法律制度，让企业有法可依。这不仅是提升经济效益的重要基础，也是保护水资源的基本手段。

（三）加强对水资源的循环利用

随着我国工业用水机制的不断完善，当前社会整体的水资源利用效率也在不断提升，因此，更应该加强对水污染处理技术的探索和研究，在减少水污染的基础上，减少工业废水排放量，最大限度实现对水资源的合理利用。此外，企业在发展过程中也要增强节水观念，在切实提升群众节水意识的同时，积极利用宣传和广告达到深化意识的目的。

我国是人口大国，人口基数大意味着生活用水的消耗量也大，因此在教学课本中，有关部门也应加强对节水意识的融入，在基层教育中强化对水资源危机的宣传，帮助人们从小养成节约用水的好习惯。此外，对于生活废水和工业废水，也要加强二次利用，比如用淘米水冲厕所、用洗衣水拖地等。总而言之，群众在生活中高效地利用水资源，养成良好的用水习惯，有利于对水资源的合理开发和利用。

（四）加强对水资源的科学开发利用

在对水资源进行开发利用的过程中，需要注意以下几点：① 在水资源开发利用环节中重视水利工程优势作用的发挥。② 要加强对地表水和地下水的科学管理，实现对地表水和地下水的合理开发与利用。

（五）强化水污染治理工作的开展

目前，随着中国现代社会经济的不断发展，工业领域也获得了良好的发展前景，但工业领域经济效益的不断提升，也带来了非常严重的水资源污染问题。要想实现水资源的可持续利用的目标，必须加强水资源污染控制工作，同时将相应的环境保护工作进行全面落实。我国应通过合理开发，适当发展工业，防止工业污染；在实际的建设及发展过程中，需要同步或超前实施防污与治污措施，实现对污染总量的合理控制；同时，对水功能区域进行合理划分，严格遵守水污染的防治原则。

强化水污染治理工作的开展可以从不同方面着手：① 在水资源应用源头进行污染治理，实现内源污染和面源污染的联合治理。需要注意的是农业用药问题，当前农药污染治理工作的重要性越发突出，因此在新农村建设过程中，更应加强对废弃药物的管理，从而构建起满足农村发展要求的生态系统。② 避免出现先污

染、后治理的问题。治理工作的开展应从末端治理转移到源头管控，积极开展水污染防治工作。在这一环节中，还应加强对污染严重企业的管理，引导和督促企业严格按照国家要求和规定开展工作，落实节能、环保的工作要求。③ 为污水处理厂的正常运行提供保障。对于县级污水处理厂的建设要给予足够的重视。在开展废水利用的过程中，重视城市污水处理厂的建设。

（六）大力发展节水农业

结合实际情况进行分析可知，目前产生水资源浪费问题的很大一部分原因是在农田灌溉中没有做好节约用水的工作。结合目前的中国农业发展现状分析，要想在农业发展中减少对水资源的使用，有效解决水资源匮乏问题，必须大力发展节水农业，同时转变现有的农业增长方式，从而实现农业的可持续发展。将提升自然降水率与水分利用率作为核心内容，紧紧围绕开源节流来开展创新工作，对不同区域内的水资源条件进行全面了解，在此基础上加强对水资源的优化配置工作，并将工程措施与农业措施进行有效融合，将传统技术与现代科技结合，从而最大限度地提升农业节水发展水平。

（七）提升抗御洪涝灾害的能力

我国应加强对江河的综合治理及开发利用等工作，采取有效措施不断提升抵御洪涝灾害的能力。同时，还应根据实际情况构建相应的防汛抗洪工程，建立预警预报系统，制定完善的防汛抗洪政策。

五、水资源开发保护一体化法律机制概述

（一）水资源开发保护一体化法律机制的界定

在水资源开发保护一体化中可以运用经济、科技、行政、舆论以及法律等各种手段来加强宏观管理。世界各国管理水资源的最有效的方式是法律手段，法律本身特有的功能决定了其能更加严格专业地规范资源的管理。法律是规范和调整各种社会行为和社会关系的基础工具，构建完善的法律机制是依法治理环境最长久有效的方法。水资源开发保护一体化法律机制，就是探讨如何用法律手段更好地实现水资源的开发、利用和保护的统一，从而规范水资源管理，发挥法律在这个过程中的规范作用，使水资源能够可持续地利用和开发。

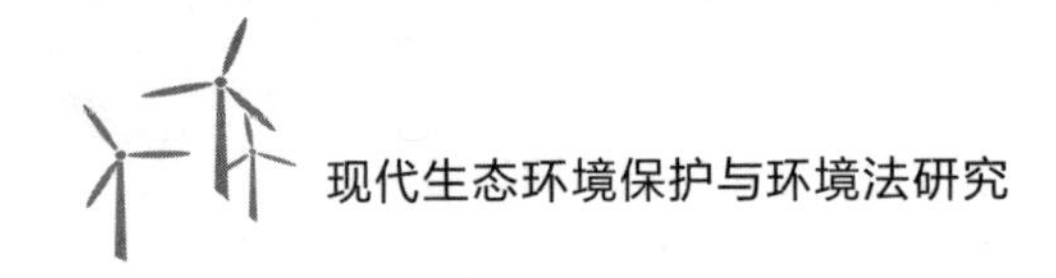

（二）我国水资源开发保护一体化法律机制的完善建议

1.设立水资源开发保护一体化立法模式

我国经济社会的快速发展是建立在生态环境被严重破坏基础上的，经济的高速发展与水资源大面积的污染及不可逆的浪费相伴相生。我国水资源保护立法理念应该从以促进经济发展为指导转变为以推进水资源环境的可持续发展为目标，建立水资源可持续开发和合理利用的水资源保护法律体系。

2.建立水资源开发保护一体化综合管理机制

水资源综合管理建立在以流域为单位的基础上，水资源综合管理的最主要的特征就是基于生态系统的管理，也称为综合生态系统管理。综合生态系统管理方法，是实现水资源可持续发展和合理利用的一种基本方法，是一种一体化的综合管理模式，综合管理强调水资源开发利用与水环境保护的一体化，包括水资源管理部门与机构的统一、地表水与地下水的总体管理、水质与水量的综合管理等内容。通过研究和分析其他国家流域管理的实际结果，以流域为单位的水资源综合管理是最能将流域水资源的功能作用发挥到极致的一种方式，同时也有利于实现生态平衡的目标。

第三节　矿产资源的利用与保护法

一、矿产资源开发利用与保护理论基础

（一）循环经济理论

我国当前主要推行的是国家发改委对循环经济的定义，但循环经济的本质是尽可能地在生产生活中节约资源，同时将有限的资源进行循环利用，是一个“资源—产品—再生资源”的循环过程。

王少坊认为，循环经济是一个资源投入、产品产出、产品消耗、废品产生的整体流程，是对以资源为牺牲品推动经济线性增长的传统经济的升级。李慧明教授等把循环经济看作实现社会可持续发展过程中解决经济、环境二者之间矛盾的方式，是在物质循环基础之上建立的物质闭环流动型经济的缩影。

（二）生态补偿理论

生态补偿是通过经济、行政、法律等手段调节各利益相关者之间的关系，按照受益者或破坏者补偿、受害者或牺牲者受偿的原则来激励积极保护生态的行为、遏制破坏生态的行为，但这种补偿不应局限于经济方面，同时还应包括生态环境修复等综合治理行为，达到实现经济效益的同时保护生态环境的效果。

二、矿产资源保护法律法规存在的问题

矿产资源保护法律法规存在的显著问题是立法理念滞后。

在当前建设生态文明的背景下，所有的资源立法都秉持可持续发展的理念，这一理念的主要内涵就是在人类社会发展的同时，必须善待自然生态环境，保障人与自然协同发展。我国目前关于矿产资源开发利用的法律法规的立法理念仍是以人类活动为中心，其立法目的为加强采矿管理。可以看到，其立法理念是管理第一、安全第二；但从逻辑结构上来讲，安全应在管理之前，如果没有安全，何谈管理成效?

第四节　森林资源的利用与保护法

一、森林资源概述

森林资源与人类的生存和发展有着非常密切的关系，在促进区域经济协调发展和维护生态平衡等方面做出了显著的贡献。我国一直都非常重视森林资源保护与开发利用工作，在人力和物力方面都进行了较大投入，并且结合实际情况科学制定了相关政策和法律法规等。

（一）森林资源主要功能概述

从环保的角度来看，森林资源是大气湿度和温度的调节剂，在大自然生态系统中可以起到有效涵养水源的重要作用，是大自然这个大生态系统的重要主体。森林资源在发挥生态功能的同时，也为森林系统中的野生动植物提供了良好的生存与发展环境，在整个大自然生物链的平衡中发挥着重要作用。另外，从与人类

生存发展的关系来看，森林资源可以为人类提供大量的优质木材，人们在对优质木材进行加工、销售、利用之后，可以有效促进区域经济的发展。同时，人们对各种果树经济林的开发和利用，也可以有效推动地方经济的发展。

（二）森林资源保护现状

1. 民众的森林资源保护意识还有待提高

近年来，我国大力强调创建“青山绿水”生态环境的重要性，但是仍然有部分民众将经济利益放在第一位，没有跟上时代发展的步伐，对森林资源的生态价值认识不足。这种较为薄弱的森林保护意识，影响了森林保护和森林资源开发利用工作的顺利开展。

2. 森林管理者的素质有待提升

森林保护和森林资源的开发利用是一项专业性很强的工作，需要工作人员不仅要充分意识到森林资源的功能和作用，更要掌握森林资源保护和开发利用的专业知识以及科学途径。当前，不少森林管护人员不仅森林资源保护意识比较淡薄，还缺乏专业管护知识，专业化程度不高。这些在一定程度上影响了森林资源保护与管理工作的效率和质量。

3. 对森林资源的开发利用缺乏合理规划

我国国土面积非常辽阔，但是森林面积覆盖率并不高，在地域分布上也存在极不均衡的现象，这些实际情况加大了森林资源开发与利用的难度。再加上有的森林管护人员意识薄弱，开发利用森林资源的专业性、科学性、合理性不高，还有不法分子对森林资源进行乱砍滥伐，导致森林资源在开发利用方面与政府的实际规划存在不相符的现象。因此，森林资源开发利用的合理性有待进一步提高。

（三）森林资源保护策略

1. 提高民众的森林资源保护意识

正确的思想意识是高效行为的科学指南。因此，提高民众的森林资源保护意识，是做好森林保护和森林资源开发利用工作的关键。首先要大力强化民众的森林防火意识，通过各种宣传教育方式提高民众的森林资源保护意识，尽量杜绝由人为因素引发的森林火灾现象；其次要不断强化相关工作人员的森林保护专业化水平和实践技能，强化森林病虫害防治意识，提高森林培育、保护的效率和质量；最后要强化森林管护工作人员的防盗意识，杜绝乱砍滥伐森林现象的发生，提高资源利用开发的合理性和科学性。

2. 重视专业化高素质人才的培养

森林保护工作是一项专业性较强的工作，要想切实做好森林资源的保护和开发利用工作，必须构建一支专业化的森林资源保护人才队伍。用人单位在招聘森林资源保护专业工作人员的过程中，要进行严格的测试与选拔，对于专业对口且经验丰富的人员要优先录用。

同时，还要结合林业技术发展现状和森林资源保护现状，对在岗人员进行专业培训，并在新技术运用过程中进行科学指导，以有效提升森林资源保护和开发利用工作的高效性与优质性。

3. 科学建立健全各项森林保护制度

科学的规章制度是林业工作得以落实的有效保障。因此，森林资源保护和开发利用工作也必须在相关制度的保障下才能够高效运行。一方面，要科学构建符合新时代林业发展要求的相关法律法规体系，确保林业各项工作在开展过程中能够有法可依，同时还要有效推动林业产业的科学化、标准化、规范化发展；另一方面，要科学制定合理的林地资源开发利用管理制度、森林资源保护管理制度、森林资源开发利用制度以及林权证办理发放制度等，从而有效推动林业产业的可持续发展。

二、森林资源保护与林下资源开发的关系

为了确保林下资源的开发和利用效率达到更高水平，国家及地方政府必须加强对森林资源保护工作的重视，只有做到严格落实森林资源保护制度，科学避免森林资源被浪费与破坏的不良现象，才能为林下资源的开发奠定坚实的基础、提供优质的保障。

因此，应综合考虑森林资源保护和林木资源开发之间存在的必然联系及平衡发展关系，通过有效保护森林资源来提高林下资源开发的科学性与高效性。对森林资源的有效保护和对林下资源的科学开发，不仅能够构建较为完善的人与自然的和谐发展体系，还能够真正发挥森林资源的优势作用。我们应从旅游观光、文化传承等多领域、多角度深入挖掘与利用林下资源，从而促进社会更快更好地发展。

三、保护森林资源与合理开发林下资源的意义

森林是大自然对人类的馈赠，同时也是现阶段维持生态平衡的重要基础。森

林资源的保护情况是否良好，对于一个国家和社会能否构建可持续发展的生态环境具有决定性作用。森林始终占据着陆地生态系统的主体地位，同时也为大自然中其他生命的生存提供了必要的保护和支持，所以，人类社会发展的必然要求便是将森林资源作为首要资源。人类想要从根本上改善当前不良的生存环境、进一步扩大生存空间，必须保护森林资源。

我国经济水平的快速提高和社会建设速度的稳步提升，与森林资源的支持也是密不可分的。随着全球变暖的趋势进一步加重及部分地区土地荒漠化的加剧，人们越来越意识到森林资源在降低大气温度和涵养水源、保持水土资源平衡等方面的重要功能。灾害频发的地区大多都是由于森林资源遭受到了严重破坏，破坏了该地区生物的生存环境，降低了生物多样性。因此，有效保护森林资源与合理开发林下资源具有重要的现实意义。

四、我国森林资源保护与林下资源开发存在的问题

（一）生态平衡破坏问题严重

城镇化建设进程的不断推进及工业生产规模的进一步扩大，使得生态平衡遭到破坏。其中，对森林的大量砍伐及林地侵占等行为导致森林资源减少。尽管后期人们通过退耕还林和植树造林等手段在一定程度上解决了一些自然灾害频发地区的荒漠化和生态不平衡问题，但是目前我国仍然处于森林资源短缺、环境质量得不到有效改善的形势。

（二）森林资源的开发与利用缺乏科学规划

我国在保持生态平衡和保护自然环境等方面存在的问题不仅仅是对森林资源和自然环境的过度开发与破坏，还表现为在开发与利用森林资源的过程中，没有秉承科学的发展观念和可持续发展的战略思想。地方政府及森林资源开发企业在进行林下资源开发与利用的过程中，往往缺乏有效的规划和科学的方法，导致大量的森林资源没有被有效利用到人类社会的生产和实践中，极大地降低了森林资源的利用率。

除此之外，很多企业和森林资源管理部门没有及时掌握先进的森林资源开发技术，很多企业为了降低生产成本，仍沿用老旧、低效的森林资源开发技术与方法。在日常工作中也缺乏对科学的森林资源开发利用技术的研究和深入了解，使得全国

各地区的森林资源利用率和自然保护效果整体与一些国家存在差距。

从整体上看，我国森林资源的规划水平相对较低，很多地区在开发和利用森林资源时没有提前进行有效规划和调查，对当地的实际情况及该地区森林资源所具备的价值缺乏深入的了解。而这种不理性、不科学的森林资源开发方案导致大量森林、水体、林地、草地等被开发占用，生态用地逐步减少，由此造成我国各地区森林资源生态恢复能力的下降。

（三）森林资源的开发制度及供需关系不稳定

森林资源供需不平衡及不稳定等问题严重影响了我国在落实可持续发展战略及森林资源保护计划的过程中开展实际工作的效率。国民生活质量的提高促使我国人口基数进一步增长，而这种现象也导致人们对于森林资源的需求量越来越大。尽管我国国土面积广阔且自然资源丰富，但是森林覆盖率不高，在城市建设与自然开发的影响下，很多经济发达地区的森林覆盖率相较于不发达地区低很多，这严重破坏了我国森林资源的供需关系。

另外，各地方政府对于森林资源的管辖方法也不尽相同。很多地区目前仍存在森林资源的开发与保护制度不完善的情况，一些地区存在管理松散和自然资源保护意识缺乏的现象，导致森林资源开发与保护制度及相关管理条例的落实达不到标准，这些进一步加剧了我国森林资源开发的不科学性。

五、保护森林资源和有效利用林下资源的措施

（一）发挥森林资源的作用

在开发森林资源和有效利用林下资源的过程中，人们充分意识到森林对维持生态平衡的重要作用和维持其所在地区周围生态系统稳定运行的重要意义。因此，合理开发林下资源的有效途径之一，便是发挥森林涵养水源、保护环境的功能，构建森林资源开发与保护的科学体系。

（二）创新森林资源开发利用的形式

森林资源开发利用是一个动态发展的过程，在开展相关工作的过程中，需要工作人员结合实际情况制定更加合理、科学的森林资源开发利用策略，以更好地推动林业产业的可持续发展。森林资源开发利用策略要符合当前区域森林产业发

展的实际情况，转变传统的与林业产业发展要求不相符的森林资源开发利用理念和生产经营策略，在确保森林生态系统可持续发展的前提下，落实森林资源开发利用工作。

在市场经济高速发展的新常态下，可以通过招商引资的途径来实现对森林资源的高效开发利用。招商引资策略可以解决森林资源开发利用中的资金问题，还可以通过专业化人才队伍的构建，实现森林资源开发利用效益的最大化。

（三）优化森林产业结构

森林资源的开发利用只有与当地区域经济发展的优势、特点以及规律相契合，才能够获取更大的经济效益、社会效益和生态效益，这需要对森林产业结构进行科学的调整。同时，当地政府部门要结合当前森林资源的分布特点和管护现状，不断完善森林资源保护和开发利用的相关法律法规。

优化森林产业结构是提高森林资源开发利用效率的一个非常重要的途径，可以通过推广与实施林菌、林药等比较新颖的立体运营模式，以及创建森林低碳生活区、建设森林氧吧等康养项目优化资源产业结构。

（四）应用现代化新技术

先进的林业技术是提高森林资源开发利用效率的重要保证。森林资源的开发利用，要善于运用现代化的新技术。比如，现代互联网技术可以帮助人们在开发利用森林资源的过程中，及时、精准地了解林业产业的发展动向。

（五）做好森林培育工作

做好森林培育工作是森林资源开发利用的基础和前提。具体来说，首先，国家以及相关部门首先要从法律法规上做好保障工作，从监督、管理、培育等方面做好森林保护工作。其次，地方政府要配合有关部门优化国家制定的相应政策和措施，并且将政策和措施落到实处。最后，在政策和措施的保障下，加强栽培技术的研究，研究森林生长规律，做好新品种培育工作，这样才能不断促进林业的发展。对于现有的森林资源，应当结合地区的实际情况制定有针对性的保护措施，做好森林防火工作，同时也要做好林业有害生物防控工作。这样才能不断提高森林蓄积量，使已有的森林资源能够在保障生态效益的基础上发挥应有的经济、社会效益。

（六）合理开发森林资源

合理开发和利用森林资源，能够减少对环境产生的不利影响。首先，在合理开发的过程中要确保合理采伐，在此基础上不断提高资源利用率，这样才能使森林资源发挥出更大的作用。其次，在进行森林资源开发的过程中，要根据本地区的实际情况把握好森林资源的利用周期。最后，根据本地区发展的实际情况，做好森林资源开发利用的规划工作。只有科学地规划才能有效地进行保护，从而实现可持续发展。

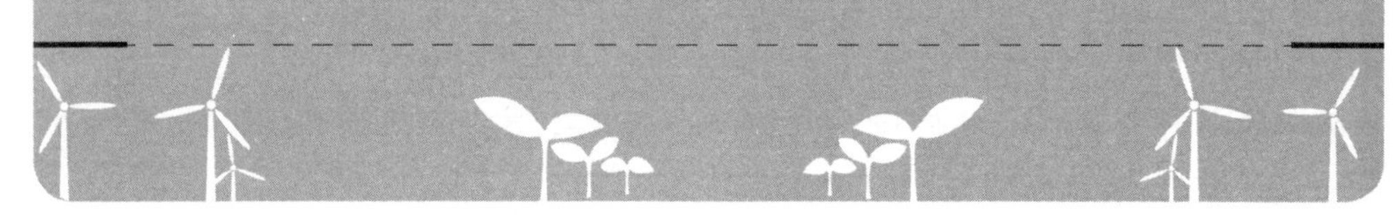

第五章　生态环境污染与防治法

中国在经济发展与社会建设上取得了举世瞩目的成就，但也付出了沉重的代价，环境污染以及对自然资源的破坏和不合理开发利用已成为中国实现可持续发展战略目标的绊脚石。为了在环境保护领域做到有法可依，中国自 20 世纪 70 年代末开始进行了一系列立法活动。到目前为止，中国已经形成了相对完善的以基本法为核心、以部门法为基础、以行政法规为补充的社会主义环境保护法律体系。本章包括大气污染与防治法、水污染与防治法、土壤污染与防治法、噪声污染与防治法、固体废物污染与防治法五部分。主要有大气污染的概念、地下水污染与防治、土壤污染相关调查、社会生活噪声污染概述、固体废物污染等内容。

第一节　大气污染与防治法

一、大气污染的概念

大气污染是指在某个区域的某段时间内，有害物不断地出现在大气中，浓度大且短时间里不能自我消除，使此地区内动植物的生活环境受到破坏。大气中的污染气体和悬浮颗粒物共同构成了大气污染物，污染气体主要包含硫氧化物、氮氧化物等，悬浮的颗粒物通常被认为是直径小于 2.5 μm 的微粒。现今，大气污染出现的原因包括工业和生活废气以及机动车尾气的排放等。

二、大气污染的特征

（一）具有较大的破坏性

当大气中的有害物质浓度较大时，处于此环境中的所有人的健康都会受到严重的威胁。对人类来说，呼吸是必不可少的，被污染了的大气甚至会引发机体的病变。

（二）具有较强的外部性

大气是一种典型的公共物品，具有非竞争性和非排他性，它被所有人平等拥有。但很多企业以破坏大气环境为条件来追逐利润，导致人们的生活环境受到极大的威胁。

（三）治理难度较大

第一，对于大气污染的治理我们只能做到治标不治本，因为我们只能对诸如污染源的排放在一定程度上进行限制，但并不能阻止。社会不断发展，而这些是其带来的副作用。

第二，大气具有流动性，一旦某地出现大气污染，很快便会扩散开，使其他地区也受到大气污染的侵害，范围不断扩大也使治理的难度增加。

三、大气污染主要危害

（一）影响人体健康

大气污染对人体健康造成的影响是多方面的，主要表现为呼吸道疾病和生理机能障碍。尤其是工业生产排出的废气、烟尘，含有大量二氧化碳、一氧化碳、二氧化硫等物质。人们吸入这些污染物质以后，会对身体健康造成极大不利影响。

大气污染物以 PM2.5 居多，这些颗粒小到可以无视人体器官的层层阻挡进入人体的肺部和血液，造成严重疾病。据研究表明，空气中 PM2.5 的浓度每升高 10 $\mu g/m^3$，患呼吸和肺部疾病的概率就会增加 1 到 10 个百分点，因心血管疾病死亡的概率就会升高 1.19 倍。另外，因大气污染产生的硫化物、氮氧化物、碳氧化物和臭氧均会不同程度地对人体造成损害，全球每年将近 400 万过早死亡的人群中，有18%是因肺疾病和呼吸道感染导致的，有6%是因肺癌所导致，这与大气污染的加重有着很大的联系。

（二）影响植物生长

二氧化硫、氟化物等对植物生长的危害较为严重，当这些污染物浓度较高时，植物叶子的表面会产生伤斑或枯萎脱落；当污染程度较低时，植物也会在慢性伤害中出现生理机能障碍，在降低产量的同时，品质也会急剧下降。

（三）影响天气气候

大气污染对天气气候带来的不利影响，主要通过减少到达地面的太阳辐射量、增加大气降水量、升高大气温度等实现。尤其是在工业城市烟雾不散的日子里，到达地面的太阳辐射量急剧减少，对人和动植物生长发育会产生不利影响；而污染物二氧化硫经过氧化形成硫酸后，伴随雨水降落，会对森林、农作物造成严重损坏；大量废热排放到空气中形成的热岛效应，也是全球变暖的主要原因。

（四）影响交通出行

大气污染物主要以细颗粒物为主，这是产生雾霾的最直接原因。每年冬天随着集体供暖的开始，不少城市都会受到雾霾的影响，对交通造成了严重的影响，高速公路因严重的雾霾天气不得不关闭，频繁的封路和限行使得企业和居民的生产生活都受到不同程度的影响。严重的雾霾使得能见度非常低，增加了发生交通事故的概率。雾霾不但导致交通不便，更会影响居民的出行。

四、大气污染防治存在的问题

（一）防治手段不科学

大气污染防治要想取得理想效果，需要多种技术手段从旁提供支持，以推动污染防治工作高质量完成。然而从实际情况来看，开展大气污染防治工作所采用的技术手段及措施还不够科学合理，并且技术方法的运用也缺乏系统性，使得污染防治效果大打折扣。

（二）防治机制不健全

一套完善的防治机制可以为防治工作有条不紊地进行提供有力指导，相应污

染源监管的精准性和防控针对性也能得到可靠保证。但实际上，目前不健全的防治机制在降低大气污染防治工作成效的同时，还制约了该项工作的健康发展。

（三）政府监管不到位

在省政府层面，环保厅和气象厅等部门的协调能力不足且缺乏专业的监管能力。省政府将监管任务向下级政府传达时，各相关政府部门权责不清，加上治理的范围较大，严格监管很难做得面面俱到。

五、大气污染治理的有效对策

（一）树立多元治理理念

政府应树立由政府、企业和公民共同参与的多元治理理念，树立多元治理理念可以明确政府职责。政府应认识到，只有政府作为唯一的治理主体，对治污过程会产生局限性。应加大宣传，促使其他社会主体主动地参与到治污行动中来。使用政策法规和经济等手段约束企业，让其在治污战役中化被动为主动。对于公民，政府应通过思想教育等方式，向其灌输环保和治污人人有责的观念，充分发挥政府的导向功能，让公民这个数量最多的群体在治污活动的减排与监督等方面最大限度地发挥自己的力量。

（二）规范监督行为

1. 加大政府的监管力度

有效的监督可以提升大气污染的治理效果。要构建以各级地方政府主要负责人为“网格长”的，定区域、定岗位、定职责、定人员的，分级负责、管理规范的监管网络。环保执法部门要加大对大气污染治理的监管力度，严控企业违法排污的行为，做到有法必依、执法必严、违法必究。同时，进一步加大对非法污染源的查处力度，统一执法标准，统一监督模式，通过相互之间的交流合作实现共同治理。

2. 鼓励外部主体参与监督

企业排放是大气污染的源头之一，只有控制了污染源头，大气污染问题才能从根本上解决，治理才能取得事半功倍的效果。政府应积极鼓励企业配合并参与大气污染的治理工作，让其形成对自我的监督和约束。通过经济补偿逐步淘汰高污染企业和落后的生产工艺，对在污染治理上有创新突破的企业予以嘉奖和鼓励，对在优化生产工艺上有技术困难的企业予以帮助和扶持，激发企业的创新活力，形成企业主动参与大气污染治理的新格局。在政府对企业采取经济补偿手段的同时，企业也对政府行为的全过程进行实时监督，发挥互相制约的作用，这样更能提高治污效率。

（三）有效开展排污管理工作

要充分重视排污管理工作，并切实保证该项工作开展的实效性，使大气污染治理工作的质量得到提升。实践中，各地政府要去各地调研，对大气污染排放情况进行监督和检查。特别是区域内存在工业企业的，除了保证排查工作落实到位，还要对重点污染企业进行管理控制。若所排放的污染物没有达到相关规定的要求，就要指导相关企业停业整顿。在引导工业企业坚持与时俱进，运用先进能源技术实现创新升级的同时，对污染较为严重的企业进行迁移或淘汰。融入优惠扶持政策措施，引导各个企业高度重视污染防治和环境保护工作。

（四）构建科学的大气污染防治工作体系

大气污染防治各项工作要想落实到位，需要一套完善、系统的工作体系提供有力支撑。要充分借助卫星监控、GPS（全球定位系统）定位、互联网等先进技术，实现对大气污染源的有效监测，并根据所获得的数据信息，确定大气污染较为严重的区域，在细致分析造成这种情况的原因后，从根源上入手采取相应措施进行治理。同时，建立健全大气污染防治和自然生态环境保护法律法规，在明确各类排放物排放标准的基础上，加大惩处力度，使相关行业严格遵照相关法律法规开展生产活动，对污染物排放量进行严格控制。此外，构建责任审查制度，以帮助大气污染防治部门及相关人员清晰地认识到自身的工作职责。

（五）加强汽车尾气排放管理

近年来，随着机动车数量的日益增加，尾气污染成为一个重要的污染源。汽车尾气是大气污染的主要污染源之一。随着人们生活水平的不断提高和城镇化进程的不断加快，城市汽车数量急剧增加，所排放的汽车尾气对大气环境带来了极大影响，加强汽车尾气排放管理至关重要。实践中，可以积极推广使用新能源汽车，如电动汽车、太阳能汽车等，进一步降低汽车尾气排放量。

另外，联合环保、交管等部门，对汽车尾气排放进行有效监测，一旦发现车辆有不达标的情况，禁止其上路。综合运用限号、限速等措施，对汽车数量和尾气排放量进行有效控制。

（六）重视绿色造林工程

要大力发展绿色造林工程。尤其是针对已经出现较为严重的大气污染问题的区域，除使用技术措施进行污染治理外，还可以采用植树造林的方式，对区域生态环境进行修复和改善，通过植被的净化作用，将空气中存在的二氧化碳有效吸收。同时，将绿色空间理念融入城市区域规划当中，实现城市工业、商业等区域的科学合理划分。在各区域内栽植大量绿化带和防风林，不仅可以美化环境和净化空气，还能够减少大气污染问题发生的频率，从而推动人们更好地生产生活。

（七）提高大气污染防治工作支持力度

大气污染防治不是一朝一夕能够完成的，实际工作的开展也需要较多人力、物力和财力提供支持。这就需要政府部门对大气污染防治工作加以关注，加大资金投入力度，为该项工作高效持续的开展提供物质支持。同时，加大对污染防治先进技术的研究力度，将新型技术运用到污染防治工作当中，以确保污染治理效果，进一步提高工作效率。此外，借助多种媒体，对大气污染防治进行广泛宣传，在提高人们污染防治和环境保护意识的同时，引导其积极主动参与进来，扩大污染防治队伍力量，推动该项工作持续优化与健康发展。

（八）加强大气污染防治的创新举措

1. 利用多媒体宣传环保知识

各级政府要畅通宣传渠道，因为在治理大气污染的过程里，对环保的宣传以及让公民及时了解大气污染的危害是十分必要的，当公民对环保有了深刻清晰的认识并能积极投入治污工作中时，对大气污染就很容易做到科学和高效的治理。随着信息时代的飞速发展，除了在居民社区等公共场所进行大气污染及防治相关知识的纸质信息张贴，电视、报纸、网站以及手机、自媒体公众号等也同样可以进行大气污染相关信息的宣传。

另外，还可以利用微信、腾讯 QQ、抖音以及微博等，以短视频、典型案例播放、趣味问答、事件讨论等方式来加强对公民参与大气污染防治重要性的宣传，以提升公民的参与意识。新媒体的宣传主要围绕参与的好处和破坏环境行为的危害以及惩罚等进行，公民通过多媒体的宣传可以直接体会到参与环境治理的责任，从而提高公众污染治理人人有责的意识。同时，新媒体还可以展示公民参与大气污染治理的科学方式，宣传和引导大家选择和使用绿色产品，在多媒体的作用下

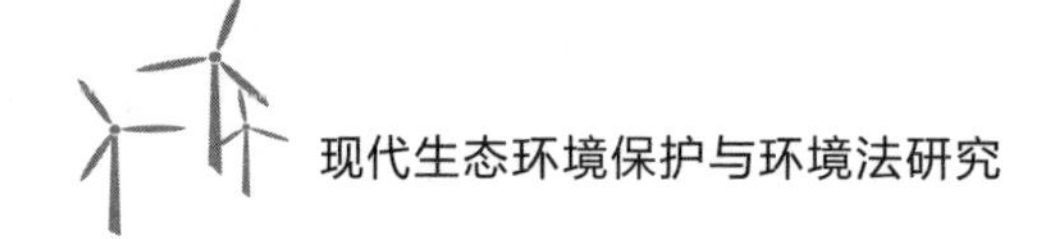

逐渐影响公民的行为，从而增强其环保意识，提高政府治污的效率。

2. 加快信息平台的建设

需要投入大量的资金来搭建关于大气污染治理的信息平台，平台的建成有利于各级政府及政府部门间的沟通，是保证其高效协作的根基。搭建信息平台，清楚平台上应该呈现哪些信息点。平台中还应包括实时污染状况、城市环保建设水平等信息，以便各级政府和环保部门可以随时获取。根据国家标准制定统一的信息共享规则，深入挖掘和分析数据，提高数据的科学性和适用性，避免出现信息失真情况。

各政府要利用平台加强信息交流，共享共建一个丰富高效的治理网络，实时发布污染预警信息，消除信息障碍，实现大气污染治理一体化，以达到提高治理成效的目的。信息平台的建立也应该让公民能够及时了解到关于大气污染的各种信息，建立起政府与公民之间沟通的桥梁，增强官民互动，使公民合理行使参政议政权和监督权，从而让政府治理的结果真正地体现人民的切实需要。

六、环保税法规制大气污染

（一）我国环保税法治理大气污染的困境

1. 环保税税率设置不够清晰合理

环保税是指通过价格机制将污染的外部成本内化为企业的生产成本，从而推动企业节能减排，实现经济绿色发展。其中，环保税的税率标准是企业税负水平的标志，也是经济发展和环境保护的平衡器。若税率过高，虽有利于环境保护，但企业负担过重，抑制了其扩大生产和改革创新的活力，阻碍了经济发展和人民生活质量的提高；若税率过低，虽有利于经济短期繁荣，但过低的污染成本使得企业缺乏节能减排、转型发展的动力，加重了污染对公众健康的威胁，阻碍了经济社会的可持续发展。

环保税税率标准的设置是否清晰合理直接决定了环保税能否有效发挥其环境经济效应，以及能否实现环保税法保护环境、促进社会可持续发展的目的。税率设置是环保税立法的关键，也是测度其效应的核心。目前，我国环保税税率设置在立法和实践中主要存在的问题有：第一，《中华人民共和国环境保护税法》对应税污染物税额标准的规定不够清晰；第二，在实践中，地方政府具体设置的环保税税率也不够合理。

2.环保税收益在分配和使用中存在的问题

环保税作为一种典型的调节税，主要功能是通过税收杠杆调控企业的污染行为，促进企业节能减排和绿色生产。但作为一种普通税收形式，其也是政府筹集环保资金的重要手段。环保税收益的纵向分配是否合理及税款能否专款专用是落实环保税基础理论，即“污染者负担”原则的关键。根据相关规定，我国环保税收入全部归地方政府所有，这是鼓励地方环境自治和健全地方税体系的有效举措，实践中却阻碍了大气污染的跨区域、跨部门协同治理。另外，法律法规也未对各省及省级以下地方政府如何分配环保税收入及收入如何使用做出明确规定，导致实践中地方政府无法科学合理地配置权利以及有效使用环保税收益，进而影响环保税环境经济效应的有效发挥。

（二）我国环保税法治理大气污染的对策

1.计税方法合理化设置

要解决科学设置环保税税率的问题，需要先明确环保税的立法目的。手段为目标服务，只有目标清晰，才可谈论手段。然而，环保税法关于立法目的的规定较为死板，有必要对其含义进行讨论澄清，然后才能据此讨论计税及征管方法。

2.污染物排放量监测机制的完善建议

计税方法之外，有效的排放量监测机制，对于环保税法的落实至关重要。目前，环保税征缴环节也存在一些问题，特别是污染物排放监测机制薄弱，导致漏征、少征情况普遍，影响了环保税法的实施效果。要解决上述问题，首先，需要明确环保部门和税务部门的职责分工。其次，无论由哪个部门具体承担该项职责，都需要根据实际监测成本，加强必要的经费支持。最后，应加大对企业和第三方检测机构偷排、虚报监测数据等行为的处罚力度，增加其违法成本，以弥补执法成本的不足。

第二节　水污染与防治法

一、地下水污染现状

我国地下水质量状况虽有改善，但总体情况不容乐观，仍面临较为明显的污染问题，对防治工作的开展提出了更高要求。实践中导致地下水污染问题发生的主要原因如下。

（1）农业区和城市周边地区地下水氮污染较严重。由于农药、化肥的不合理使用，其在地表会存在一定的残留，然后以污水的形式渗透到地下水中，对其造成污染。

（2）工业密集区监测到的有毒、有害、有机污染物。工业固体废物未采取有效的贮存或处置措施，甚至有些企业通过逃避监管的方式偷排废水，直接或间接地污染了地下水。

（3）其他风险源。部分垃圾填埋场的渗滤液、加油站渗漏严重等都会污染地下水。

地下水与地表水之间相互渗透、相互转化的特点，不仅对地下水具有保护作用，对地表水的污染防治也有重要作用。河流、湖泊或近海等地表水体的污染会影响到地下水；被污染的地下水也会渗透到河流、湖泊或近海等水体中，成为地表水体污染的来源之一。为了能够有效地控制和治理地表水体的污染，应构建切实可行的防治体系，确保具体的作业计划执行状况良好。

二、地表水污染与防治

（一）地表水污染特点

（1）支流水系的污染问题较为严重，干流水系污染程度较轻但呈不断加重的趋势。究其原因，主要在于支流水系的水流量相对较小，流速缓慢，水体交换的整体效率低下，自我净化能力不佳。此外，多数支流水系需要流经人口聚集地，会受到诸多污染源的影响。例如，生活废水、工业废水、交通污染以及大气污染等因素，都会导致水体污染变得愈发严重。所以，与干流水系进行比较，支流水系的污染现象更为严重。另外，随着工业、农业的飞速发展，干流水系的污染程度也在逐年加重。

（2）污染物排放量显著增加，各地区的水污染情况逐渐分级化。水体污染中，面源污染问题较严重，具有较强的瞬时性，且污染物组成复杂，对其进行处理的难度较大。随着工业化步伐的加快，污染源和污染诱因变得复杂，污染物排放量显著增加，严重影响了水体质量。此外，各地区人口密度和主要工业类型的不同，导致水污染情况出现分级化。

（3）城镇与农村水体污染问题愈发严重。由于城镇水体污染问题已经十分严重，很多工厂开始转移至污染源较少的郊区与农村地区，这直接导致郊区与农村的污染物排放量显著增加，因此，农村地区的水体污染问题也日益严重。除此之

外，农村地区对生活废水和工业废水的处理缺乏合理性，农村居民的环保意识不强，是农村污染问题逐渐严重的重要原因。

（二）常见污染物及其特点

1. 营养物质污染

水体富营养化主要出现在湖泊、水库以及城市运河中，同营养物质在水体中的大量积聚关系密切。如今，我国诸多静水水体均存在程度不一的富营养化现象。富营养化的水体发绿发黑，水质浑浊，并伴有一定的恶臭气味。营养物质的大量积聚会引起水体中的浮游藻类快速繁殖，使水中的溶解氧含量下降，从而造成其他水生生物大量死亡的现象，进一步降低了生物多样性。水生生物尸体腐化还会对周围环境造成影响，形成恶性循环，加重污染。

2. 抗生素污染

水体中抗生素的长期积累会促进耐药性细菌的形成，从而对水生生物的生存环境及人体健康造成影响。

3. 重金属污染

目前我国工业正处于高速发展阶段，需要高度重视地表水的重金属污染问题。研究显示，重金属在水体中的含量具有时空差异性。不仅不同重金属在水体中的含量峰值期存在差异，而且同类重金属在水体中的含量在不同时期也存在差异。水体中富集的重金属具有隐匿性、长期性，降解困难。重金属在水体中长期积累，会随着水循环进入人体，从而对人体健康造成严重危害。

4. 油污染

油类主要分为矿物油和动植物油脂。其中，前者为烷烃、多环芳烃等烃类有机混合物，后者为多组分烃基脂肪酸类有机混合物，二者长期存在于水体环境中，会对环境造成直接危害。油污染多由食品加工业、纺织业、造纸业以及工业排放的含油废水引起，集中处理比较困难。松花江、海河的主要污染物均为油类。油脂形成的油膜覆盖在水面上，会导致水体严重缺氧，引发水生生物死亡，还会通过食物链进入人体，从而对人体健康造成严重危害。另外，油气挥发后还会污染大气。

（三）地表水污染修复方法

1. 水体富营养化修复方法

目前，治理水体富营养化的重点在于控制面源污染，可联合物理法和生物生态法来控制营养物质在水中的含量。物理法主要包括底泥疏浚和机械曝气。

（1）底泥疏浚。这种方法主要是将水体中的污染底泥全面清除，也就是清除内源污染，进而减少底泥污染物的释放。该方法应用得较为广泛，但是假如施工方案不合理或技术应用水平低下，会导致氮、磷等元素再次进入水体引发二次污染。

（2）机械曝气。这种方法主要是在水中合理的位置实施人工曝气复氧，以有效提高水体的溶解氧浓度，恢复水体中好氧生物的活跃度，进而有效提高水体的自我净化能力。

生物生态法主要依赖于水生植物对营养物质的吸收和转移，即利用水生植物对水质的净化作用，吸收水体中的氮、磷等元素，进而逐渐实现对水体环境的修复。但是，不同植物的修复能力不同，加强对水生植物共生关系的利用，是采用该方法治理污染问题的重点。

2. 抗生素污染修复方法

抗生素污染修复方法主要包括活性污泥法与人工湿地法。活性污泥法是目前应用较广泛的修复方法，具有效果明显、成本低等优势，但是易导致抗性菌株的形成。另外，使用不同的工艺方法去除不同类型的抗生素时效果存在差异。活性污泥法能够去除四环素类与磺胺类抗生素，因此需要结合抗生素的类型决定是否选择活性污泥法进行修复。人工湿地法整合了物理法、化学法与生物法的优势，能够有效去除多种类型的抗生素。在人工湿地法的实际应用中，可以结合农村地区的地形特点，对农村现有的池塘、涝池进行改造，操作简单，效果明显。

3. 重金属污染修复方法

重金属污染修复方法主要包括物理修复法和生物修复法。物理修复法主要指使用吸附材料来吸附水中的重金属，以达到清除水中重金属的效果。但是，在实际修复过程中，水体重金属的污染物并非只有一种，需要结合重金属的类型合理选择吸附剂。生物修复法是利用生物体对重金属离子进行吸附、转换，进而将水体中的有害重金属离子清除。其具有效率高、成本低、环保以及不会造成二次污染等明显优势。目前，常用的生物修复法主要包括生物吸附法、生物絮凝法、生物表面活性剂修复法等。虽然生物修复法的应用效果明显，但是多数生物处理技术还不成熟，在工业生产和环保领域的应用较少，仍需要进行深入研究，提高其应用效率。

4. 油污染修复方法

对油污染修复方法的选取取决于油分在水体中的存在形式。通常可将油分在

水体中的存在形式划分为分散油、悬浮油、乳化油与溶解油。油污染治理方法主要包括物理修复法、化学修复法与生物修复法。物理修复法主要指通过机械方法修复受污染水体，包括水栅刮油、抽吸机吸油等。此类方法操作简便，但是效果不佳，无法从根源上解决污染问题。化学修复法主要指将化学试剂投至受污染水体中，使药剂与污染物发生化学反应，从而达到去污效果。此类方法成本较高，且存在一定的二次污染风险。生物修复法主要指通过微生物吸收、转化和降解污染物来达到消除污染物的目的。同其他方法相比，生物修复法具有明显优势。生物修复法成本较低，对周围环境影响较小，还能彻底降解和清除污染物，不会导致污染物转移或引发二次污染。

三、水污染防治法

（一）我国水污染的行政管理制度

《中华人民共和国水污染防治法》第 9 条规定：“县级以上人民政府环境保护主管部门对水污染防治实施统一监督管理……县级以上人民政府水行政、国土资源、卫生、建设、农业、渔业等部门以及重要江河、湖泊的流域水资源保护机构，在各自的职责范围内，对有关水污染防治实施监督管理。”该条规定确立了环保部门主管，其他相关部门配合的管理原则。

该法修改后的一大亮点就是，第 5 条规定里的“河长制”，所谓河长制，即在全国建立省、市、县、乡四个层级的河长，分别由各级的党政负责人担任，由河长负责各自管理区域内的水资源保护、水污染防治等工作。河长制最先开始于江苏省无锡市，2007 年由于太湖水污染严重，蓝藻大量繁殖、堆积、腐烂，分解出大量硫化物，严重影响了太湖的水安全。

（二）我国饮用水安全保障法律制度

中共中央、国务院高度重视饮用水源的保护工作，党的十九大提出“建设生态文明”，坚持人与自然和谐共生，把建设美丽中国作为全面建设社会主义现代化强国的重大目标，坚持可持续发展，推进美丽中国建设。习近平总书记多次强调“把环境污染治理好，把生态环境建设好，努力走向社会主义生态文明新时代，为人民创造良好的生产生活环境”。

我国现行的关于饮用水源的法律并不是很多，主要有《中华人民共和国环境保护法》《中华人民共和国水法》《中华人民共和国水土保持法》《中华人民共和国水污染防治法》，其余均为行政法规和部门规章，在此不做赘述。《中华人民共和国环境保护法》从原则上给予了饮用水安全法律保障；《中华人民共和国水法》则在饮用水源的配置、饮用水源保护区等方面做出了规定；《中华人民共和国水土保持法》的重点放在了饮用水源地的水土保持及生态补偿制度上；《中华人民共和国水污染防治法》更是在其第 5 章单章强调了饮用水源的法律保护问题，确立了饮用水源保护区制度，规定饮用水源保护区内禁设排污口，明确了一、二级保护区内禁止的事项及需要采取一定措施才能进行的事项，新增了地方政府的调查评估责任及水质监测的相关内容。

（三）我国的水污染防治公众参与制度

公众参与作为一项集中体现我国民主政治的制度，可以从立法、执法、司法三个方面体现出来。在《中华人民共和国水污染防治法》展开修订工作时，就在网上公开征求社会各界人士的意见，将这些意见经过筛选适当添加到新法中；在污染企业受到相关部门的处罚后，处罚书应当录入相关部门的网站及档案，供公众查阅监督，污染企业如对处罚决定不服，可以申请行政复议或提起行政诉讼；在审理环境公益诉讼案件时，原则上应当允许公民旁听，审判结果也应当公开，供公众查阅监督。新的《中华人民共和国水污染防治法》较旧法而言，在公众参与的程度上也有大幅度的提高。新增的第 17 条、第 18 条、第 20 条、第 72 条分别规定将政府的限期达标规划、水环境质量限期达标规划、未完成水环境质量改善目标地区的主要负责人约谈情况、每季度的饮用水安全状况等信息予以公开。

（四）我国的突发性水污染事故应急制度

同普通的水污染事件相比，突发性水污染事故造成的损害往往更大，因为突发性水污染事故是不可预料的突发性事件，没有提前的保护措施，临时调配工作人员去处理也会耗费大量的人力、物力、财力，而且效果往往没有预期的理想，因此，突发性水污染事故应急制度的建立确有其必要。2015 年施行的《中华人民共和国环境保护法》在第 47 条中对突发事故应急制度做了相关规定，要求建立公共检测预警机制并制订相应方案。事故发生时，及时公布预警信息，启动应急措施，相应的应急工作结束后，需立即组织相关人员进行环境影响和损失评估，并将评估结果及时公布。

第三节　土壤污染与防治法

一、国内土壤污染现状

经济的高速发展往往伴随着环境问题。当前，我国的土壤污染问题比较严重，尤其是在农业以及工业活动较为频繁的地区，这些规模化的生产活动，对土壤造成了较为严重的破坏。经过对多个地区的土壤进行监测后发现，超过两成的监测土壤存在污染物超标的问题，其污染物主要为锌、镉、铜、铅等重金属。在对土壤分布进行研究时发现，我国南方地区的污染程度比北方地区更加严重，尤其是长三角以及珠三角地区，这也说明了经济发展程度较高以及工业发展程度较高的地区的土壤污染问题较为严重。

相比水污染以及大气污染，土壤污染治理修复所需要的资金相对较大，加上土壤污染具有隐蔽性、地域性、积累性等特征，无论是减少土壤污染存量还是控制新污染的整体生成总量，都需要大量的经济和人力投入。

目前，我国土壤污染的调查评估、治理修复和后续管理一般需要依靠政府进行拨款。十三五期间，土壤污染防治成了我国生态环境保护的重点内容，但是针对它们的经济支出仍然有限。虽然在2018年，我国针对土壤污染防治的经济投入已经增加至90亿元人民币，但是实际操作过程中，仍然存在着诸多问题和不足。

二、土壤污染防治方式

为高效排除我国的土壤污染隐患，有必要采用合理的方式让土地尽快复原。在受污染的土地上种下高抗性植物并增强对受污染土地的监控和管控，可以有效地实现这一目标。

（一）种植高抗性植物

若持续利用受到污染的土地，将不可避免地导致更糟糕的土壤污染。在受污染的土地上种植高抗性植物，可以帮助土壤复原。

（二）加强监督管理

对部分污染严重的土地，有必要进行人工观察，掌握土壤的复原状况，并对

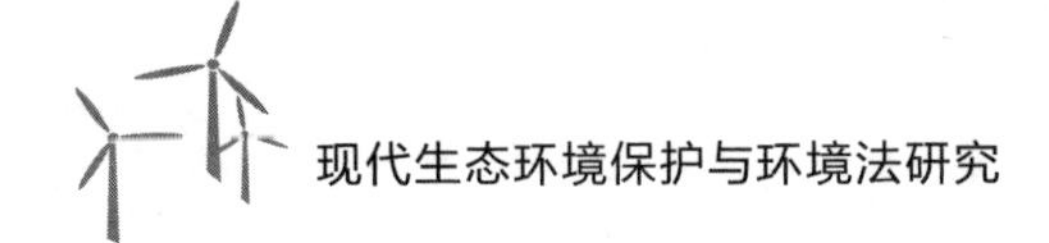

土壤实行严格管理，以免土地污染持续恶化。所以，有关部门需要加强对已污染土地的监管力度。比如，生产经营中对土壤产生较大污染的公司应成为监管的重点，并通过定期或不定期的方式对土地实行监测。

三、土壤污染治理策略

（一）土壤有机污染物治理策略

1. 原位修复技术治理策略

为了保证土壤污染物的处理效果，应尽量根据污染状况选择科学的治理技术。原位修复技术相对来说比较适合受破坏较小的土壤。在众多的土壤修复技术和方法中，原位修复技术能够有效地降低修复成本，并实现土壤污染物的有效降解，它能够对土壤的深层污染进行有效的治理。在利用原位修复技术处理土壤污染时，应注意尽量对废弃物进行分离和控制，防止出现二次污染，降低修复效果。

2. 异位修复技术治理策略

除了原位修复技术外，还有相对应的异位修复技术，这种修复技术通常采用原地处理和异地处理两种方法进行修复活动。这种修复方法能够有效地对修复过程中的各类措施进行控制，与原位修复技术相比，因为修复技术不会产生较多的废物副产品，所以修复效果更好。但在采用异位修复技术时，需要挖掘大量的土方，所以会产生较多的运输问题，这大大地增加了修复的成本。

3. 物理治理策略

覆土稀释法以及玻璃化和蒸汽提取等方法通常被称为物理处理方法，采用物理方法进行污染处理时，不会对土壤造成较大的破坏，治理效果较好，并且在土壤修复的控制过程中，作业条件更加灵活和方便。在进行有机污染物处理的过程中，首先应当对土壤的结构特点进行分析，根据分析结果来确定采用哪一种有机污染物处理方法，从而制订有效的治理方案。

4. 化学治理策略

除了物理方法外，还可以通过化学方法对有机污染物进行处理。具体方法是通过微波放射或者催化氧化来对有机污染物进行处理，在采用化学方法进行治理的过程中，应当对具体的流程进行严格规范。

5. 微生物治理策略

借助微生物治理有机污染物也是常见的一种治理措施。其依据的工作原理是土壤中的有机污染物可以作为微生物生长繁殖所需要的能源，所以可以通过在土

壤中投放微生物来消耗土壤中的有机污染物。在这个消耗过程中有机污染物被转化为水和二氧化碳，这是一种非常优质的处理方法，操作过程中不会产生大量的废物副产品。在借助微生物治理有机污染物的过程中，可以通过植物与微生物的伴生关系来提升处理效果，因为植物本身具备较强的吸收污染物的能力，这能够有效地提升微生物分解效率。这种处理有机污染物的方法虽然非常有效，但其弊端是需要花费比其他修复方法更长久的时间，因为生物产生的降解酶会对不同的污染物产生作用，所以要根据监测结果来对微生物的数量和类型进行控制，以提升有机物污染处理的效果。

（二）土壤无机污染物治理措施

1. 物理、化学治理策略

在处理土壤重金属污染物的过程中，较为常见的处理方法有淋洗法、电化法以及热解析法等，其中热解析法的治理效果最为明显。通过热解析法能够吸收土壤中 99% 以上的汞。对于铅、铬等类型的金属通过电化法处理能够取得较好的效果，电化法能够去除土壤污染物中超过 90% 的铅、铬等重金属。而淋洗法则适用于提取土壤污染物中的无机污染物，因此，淋洗法对无机污染物具备较好的治理效果。

一般来说，利用化学方法对土壤进行处理，主要是通过使用不同的稳定剂改变不同污染物中重金属的状态来减少重金属对土壤的污染的。这种治理方法能够暂时性地改善土壤的污染问题，但无法根除土壤中的污染物。

2. 植物联合微生物治理策略

通过利用植物与微生物的特性，将二者进行联合来对土壤中的无机物以及重金属进行治理，这种方法能够对相关污染物进行快速吸收、转化、分解和固定。在具体的操作过程中，可以寻找适应性植物，在被污染土壤中培育这种植物，该植物在生长过程中能够对重金属产生吸附效果。这种方法几乎不会产生其他危害，治理成本较低，效果较好，并且具备一定的美化功能。

3. 植物、微生物、化学等联合治理策略

化学螯合剂能够有效地将土壤中的重金属转化成螯合物，通过在土壤中种植植物可以对螯合物进行吸收和降解，同时配合电压法对被污染的土壤中的重金属进行溶解，此时正处在被污染土壤中的植物就可以对这些溶解后的重金属进行有效吸收。

（三）土壤污染的有效治理策略

1. 完善相关法律法规

为了解决我国当前的土壤污染问题，除了提高重金属以及有机物的污染治水平之外，还应当加强法律法规的建设工作，通过不断完善法律法规来促进社会各界参与到土壤污染控制和治理工作中。政府应当对已经存在的相关制度及法规进行有效落实，并对生产过程中的污染情况进行监督，避免企业为了片面地追求经济利益而忽略了环境污染问题。同时设立责任人制度，以便从制度上监督企业，通过对土壤的监测以及责任划分来解决工农业生产过程中所产生的污染问题。

2. 完善土壤污染防治基金制度

《中华人民共和国土壤污染防治法》中明确规定了“国家加大土壤污染防治资金投入力度，建立土壤污染防治基金制度”。为更有效地预防和治理土壤污染，我国迫切需要完善土壤污染防治基金制度。

目前，我国的土壤污染防治基金制度仍存在立法层级不高、可操作性低、资金来源单一、可持续性差以及社会监督不到位、基金功能容易异化等问题。我国应借鉴一些国家和地区土壤污染防治基金制度的有益经验，并结合我国实际，进一步完善我国的土壤污染防治基金制度，构建全民共治的污染治理体系，保护和改善生态环境，保障公众健康，推进生态文明建设，促进经济社会可持续发展。

四、土壤污染防治法律制度

（一）确立预防为主的法律原则

预防为主、防治结合是我国环境保护法的一项基本原则。它的基本含义是国家在治理污染问题时采取各种措施，防止环境恶化；或者把环境污染控制在一定的限度内，在这个限度内它不会给经济的可持续发展、人类的生命财产安全带来危害；或者对已经产生的环境污染状况进行治理，防止逐步恶化。这个原则是西方国家经济发展中的重要教训。在经济发展的过程中，西方大多数国家都经历了“先污染、后治理”的过程，片面追求经济发展，忽视对环境的保护，导致很多公害事件频繁发生，给人民的生命财产造成了很大的损害，治理起来也是相当棘手。不仅耗费了大量的人力物力，还会出现治理不彻底等情况。

（二）大力推广源头控制制度

源头控制制度是指在污染物没有产生或者产生之初就对其进行控制，它充分贯彻了以预防为主的原则，将污染的趋势扼杀在摇篮之中。源头控制制度是一项需要大力推广的制度。但要注意两个方面，首先，不仅要控制土壤污染的源头，更要从水污染、固体废弃物污染等源头控制土壤污染，做到二者的结合，统一于控制土壤污染的源头。修改、完善《中华人民共和国水污染防治法》《中华人民共和国固体废弃物防治法》当中的法律条文，做到与源头污染防治的结合。其次，要将源头控制制度与清洁生产、土壤污染调查、风险评估、环境监测等制度结合起来，形成以源头控制制度为中心的土壤污染预防体系。

第四节　噪声污染与防治法

一、社会生活噪声污染概述

噪声污染已成为当今世界公认的环境问题之一，它会影响人的心理和生理健康。假若把噪声污染给人体带来的健康风险用一个金字塔三角形来表示，那么位于金字塔最底层、受影响人数最多的负面结果是使人产生“不舒服感”，比如导致扰民的情况，再往上就出现了“风险因素”，比如患高血压等疾病的风险增加，再往上一层就是“疾病”，引起包括心血管疾病、睡眠失调等。而金字塔的最顶层就是“死亡”。可见噪声污染的危害有多大。随着文化娱乐产业和商业的快速发展，群众的日常生活和休闲时光变得更加惬意，但歌厅、舞厅、酒店等场所的音响设备产生的巨大噪声对周边居民的工作、学习和休息带来了消极影响。

（一）社会生活噪声污染的概念

噪声是一种主观评价标准，对于噪声的概念不同的人有不同的理解。《中国大百科全书环境科学》中的“噪声”指“干扰人们休息、学习和工作的声音”；从物理学观点来讲，噪声指各种不同频率声音的杂乱组合。当代声学中的“噪声”指不规则或具有间歇性振动的物理噪声和一切不好听、不需要的声音。由于噪声对他人干扰的程度有轻有重，非常具有特殊性，所以不同体质，其人的感受也不相同。

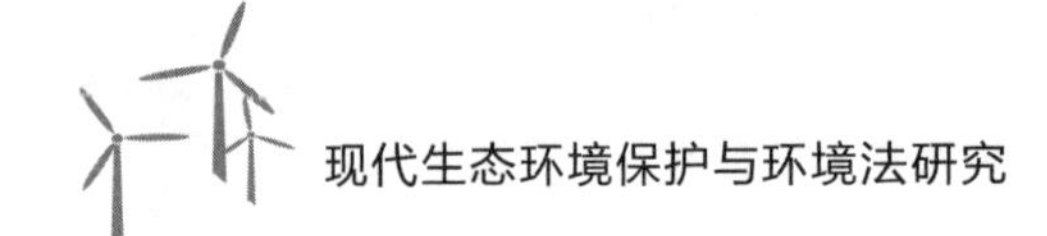

比如，对一群晚上在公园或者广场跳广场舞的大妈来说，播放的动感十足的舞蹈曲子能陶冶身心，令人沉醉，然而可能会令周边的居民感到厌烦和痛苦，对居民来说这种音乐就是噪声。从环境保护的角度来说，不被人们需要且使人厌烦并对人类生活和生产有妨碍的声音统称为噪声。

（二）社会生活噪声污染的特点

1.来源的复杂性

社会生活噪声污染的来源复杂，具体体现在污染源的多样性与污染源时空分布的广泛性上，难以集中治理。

首先，社会生活噪声污染的来源主要有两类，一类来自日常生活所需的设备设施，另一类来自人为制造的噪声。其中，室内（外）商业宣传活动所使用的扩音设备、货物装卸设备、装修设备、家用电器、钢琴、供水供电设施、中央空调等均属于设备设施噪声污染源；商超内（外）的高声招揽与售卖、小贩的高声叫卖、婴儿的高声啼哭等均属于人为制造的噪声污染源。这些噪声产生的环境各不相同，发生的时间也各不相同，声音的响度及频率都具有较大差异。

其次，社会生活噪声污染源分布广泛。从空间上看，可以分为室内噪声与室外噪声。室内噪声污染问题主要集中于将住宅楼改为门市进行商业经营以及装修所产生的噪声。室外噪声污染的排放量随着城市内人口密集程度的不断提高而增加，人越多的地方噪声越大。有些室外噪声是在固定区域呈中心辐射状的，如备受争议的“广场舞”主要依靠一个固定的音响设备播放节奏型音乐；而有些室外噪声是呈线状进行辐射的，如“健步走”，这些队伍少则数十人、多则数百人，往往沿着固定的路线行进并携带有便携播放设备，而且每隔一段时间会大声呼号。从时间上来看，随着社会的发展，人们的工作与活动不再仅仅在白天进行。例如，从黎明到午夜有许多场所持续营业，所产生的噪声一直在持续，未有间断。

2.类型的特殊性

首先，社会生活噪声污染的特殊性在于它具有无形性与暂时性。理论上，噪声污染属于典型的能量型污染。噪声的产生源于物体振动，当振动停止噪声便会立刻停止，不会在环境中产生累积，声波所携带的能量最终会耗散而尽。例如，有些偶发的社会生活噪声在一瞬间产生，同时又在一瞬间消失，难以追溯源头。

其次，社会生活噪声污染的特殊性还在于其具有隐蔽性。例如，安装在地下的变压器、水泵，再或者楼顶的中央空调或者楼内的电梯井。声波在固体中的传播速度更快能量损失相对更小，如果没有完善的隔音措施这些噪声会沿着楼体的

钢筋混凝土结构进行传播，形成低压（频）型噪声。这种噪声比较少见且不易被察觉，但同样会影响居民的正常休息与学习。

3. 损害的感觉性

噪声是一种感觉性污染，每个受体的感受性不同，从而噪声对其的干扰程度也不同。例如，老人、病人等敏感群体对噪声的承受能力较差，面对同样频率、响度的噪声所产生的反应可能会更加明显。再比如，不同的环境也决定了噪声的认定，室外热闹的音乐在健身者的耳中是悦耳的节奏，在室内学习者的耳中则是烦人的噪声。这意味着，社会生活噪声污染不易评估，且具有相对性。这给社会生活噪声污染的治理，特别是社会生活噪声污染侵权的认定和责任追究带来了困难。

4. 后果的多样性

首先，社会生活噪声污染会对人的心理造成危害。噪声不仅会使人感到厌烦，如果长期暴露在噪声中还会诱发不良情绪，如过度紧张、莫名忧郁、无故疲惫、易怒等，进而影响人的生理健康。研究表明，处于噪声环境中会引发神经衰弱综合征，如果长期暴露于噪声中，神经衰弱综合征的患病率将会显著升高。内脏的神经调节功能会因长期接触噪声而发生改变，引发血管运动中枢调节功能出现障碍，从而导致脂代谢的紊乱。因此，患高血压、心脏病等疾病的人群易因长期处于噪声中而发病。

其次，噪声的干扰还极易引发邻里关系不和、紧张甚至导致双方发生冲突，进而转为严重的社会问题。

（三）社会生活噪声污染的危害

环境噪声污染不同于环境噪声，环境噪声是一种阻碍或干扰人类活动的声音，而环境噪声污染是指某区域的数值已超出我国规定的环境噪声排放标准，并且已影响到他人的生活、工作、学习。为了更好地预防社会生活噪声污染，有必要先了解一下噪声污染的危害。

自 1980 年以来，人们开始对“噪声是否会使有机体的生化及免疫产生变化”这一课题进行研究。经过不断地实验，在噪声对动物生理机能的影响方面取得了初步进展。噪声产生的危害程度取决于噪声的强度、持续时间、暴露方式和频谱特性这几个因素。噪声通过听神经分支作用于中枢神经引起非特异性反应，如精神和生理异常、学习和记忆能力下降、睡眠障碍、消极厌世等。具体表现为生理危害和心理危害。

二、高速公路噪声污染概述

高速公路是指专供汽车分方向、分车道行驶，全部控制出入的多车道公路。噪声，从物理科学角度而言，是指由振动源引起，振幅和频率上完全无规律的震荡；从环境保护角度而论，凡是人们所不需要的声音统称为噪声。

根据《中华人民共和国环境噪声污染防治法》第 2 条规定可知，环境噪声是指在社会生活、交通运输、建筑施工及工业生产中所产生的干扰周围生活环境的声音。要构成环境噪声污染必须满足两个前提：一是环境噪声值超过国家规定的排放标准；二是所排放的环境噪声干扰了他人的正常学习、工作和生活。

（一）高速公路噪声污染的特点

高速公路噪声污染作为一种新形势下的交通噪声污染有着显著的特点，具体表现为以下几点。

（1）污染的持续性和不间断性。由于货物运输、人员流动的需要，和普通公路不同，高速公路具有行驶车辆车速快、车流量大、24 小时不间断通车等特性，这就导致高速公路噪声污染持续不断。

（2）污染介质的无形性。高速公路噪声污染通过振动形成声波，之后通过声波到达受体，并在受体身上形成听域性知觉，从而对受体产生身体或心理上的影响，属于一种看不见、摸不着的污染。

（3）污染程度的不可叠加性。由于污染介质的无形性，除了受影响的人或动植物外，它不会因为污染的持续存在而产生累积效应。这与水污染、空气污染、土壤污染等需通过有形介质污染环境有着本质性区别，不存在污染程度的叠加性，亦无总量控制性要求。

（4）噪声频率的宽泛性。因高速公路噪声来源于行驶的汽车，其中包括汽车发动机和传动装置工作的声音、汽车鸣喇叭的声音、汽车行驶过程中自身振动的声音、汽车轮胎与地面摩擦的声音等，这些声音种类繁多、频率范围广且随车速的变化而变化，并最终导致高速公路噪声呈现低、中、高频音同时存在的状态。

（5）影响范围的区域性。因为声音传播随距离的增加而逐渐衰减，噪声也就随距离的增加而由最初的噪声污染衰减为普通噪声，之后直至消失，这就导致受高速公路噪声污染影响的范围具有一定的区域性，其主要分布在高速公路走向性的两侧。

（二）高速公路噪声污染的危害

高速公路噪声污染的危害与普通噪声污染的危害基本相同，但由于高速公路噪声 24 小时不间断的特征，其危害比普通噪声更大、更持久。归纳起来主要有以下几方面。

1. 对人体睡眠的影响

睡眠是人体在精神、身体疲劳后进行机体调节、身心休息、自我修复的一个过程，它在人的一生中大约占了 1/3 的时间，对保证人体健康、延长寿命发挥着极其重要的作用。研究表明，不同程度的连续噪声或突然发出的噪声都会影响人们的睡眠。35 分贝以下的声音环境是理想的入睡环境；当突然发出的噪声达到 40 分贝，10% 的人会被惊醒；当突然发出的噪声达到 60 分贝，70% 的人会被惊醒。40～50分贝的噪声会使人从熟睡状态变成半熟睡状态，使大脑得不到有效的休息，从而影响人体力的恢复。当人处于一个噪声连续不断的环境中时，常会难以入睡，从而心态紧张、呼吸急促、脉搏跳动剧烈、大脑兴奋等，致使第二天感到四肢无力或疲倦，从而影响正常的工作或学习。

2. 对人体身心健康的影响

噪声会对人体的生理健康造成一定伤害已被社会普通民众所公认，具体会造成何种伤害对普通民众而言却难以言说，此时就需要依赖环境噪声学和生理医学方面的研究。有研究表明，噪声环境会对人体的诸如听力系统、心血管系统、神经系统、消化系统等产生危害。

3. 对幼儿成长和学习的影响

幼儿作为社会中的一员，是祖国未来的希望。由于他们尚处于身体成长和性格养成的重要时期，身体各组织器官还未发育完全，加之认知水平、生活经验有限，自我保护能力和意识较差，幼儿对噪声缺乏相应的保护机制，从而更容易受到噪声的伤害。

三、建筑施工噪声污染概述

（一）建筑施工噪声污染的现状

在几十年前的农村地区，建筑施工噪声污染并未作为一个环境问题而引起我国政府和社会的广泛注意。但是，随着建筑机械化程度的提高，建筑施工噪声污染问题也逐步显现，其对城乡居民生产、生活的干扰程度也在日益加重。而这在我国城市地区更为明显，其引起了民众的极度反感，因建筑施工噪声引发的纠纷事件也在逐渐增多。可以说，目前建筑施工噪声污染已经与工业噪声污染、交通运输噪声污染一样，严重影响了我国居民的正常生产、生活，也是我国目前亟待解决的污染问题之一。

（二）建筑施工噪声污染的危害

建筑施工噪声之所以被认定为污染，是因为其排放超过了国家规定的标准，并给居民的生产、生活带来了干扰。实践中，建筑施工噪声污染给居民带来的危害并不仅仅是干扰生产、生活那么简单，严重的甚至会损害到居民的身体健康及财产安全。

四、城市噪声污染防治路径与策略

党的十九大报告指出，我国社会的主要矛盾已经转化为人民日益增长的美好生活需要和不平衡不充分的发展之间的矛盾。噪声污染损害人体健康、影响人们的生活质量，不利于社会安定。

因此，加强噪声污染防治已受到各级管理部门、监测部门及广大民众的高度重视。城市人口数量大，发展迅猛，势必会引发一部分环境污染问题，政府与相关部门都在为解决这些问题而努力。围绕现阶段的防治措施，针对城市依旧存在的噪声污染情况，依据部分新兴技术，提供如下措施。

（一）健全管理机制

在城镇化建设过程中，应当确立管理机制，使市民可以切实了解相关法律规定，只有这样才能够最高效地处理问题。对于有工厂的城市区域，应该制定具体规章制度，落实在时间点上，坚决禁止工厂在市民休憩的时间段造成噪声超标。在建设工程区域同样应当实时监察，确立监察制度，号召市民共同监督，营造城市更良好的居住环境。在居民区、校园和医院等区域尽可能减少建筑工程，防止造成污染。此外，应使新建建筑与交通干线存在一定距离，防止彼此噪声叠加，造成更大的问题。

应当切实落实与环保相关的法律规定，进而为噪声污染的防治打下良好基础。制定行政管理规章制度期间，需广泛征求各个监督部门以及广大人民群众的意见及建议，更为集中地获取社会迫切需要的反馈意见。同时，生态环保部门还需结合法律规定，全面完善行政管理规章政策，以此优化污染防治体系。规章制度的落实可

以为污染防治提供法律基础，令环境噪声的监察以及管理有法可依、有章可循。

（二）合理利用技术

建造民居的过程中，需要广泛应用隔音的材料以及技术，使得墙体具备降噪能力。大部分时间里，建筑层数与市民居住舒适度存在紧密联系，楼层较高的住户多会开窗；如果开窗，便将有大量声音进入房间，所以对于现阶段的技术而言，需要将“不开窗”视为条件，制定隔音标准。

（三）采取隔音措施

近年来，建筑工程持续增加，使得绿化范围逐渐被压缩，进而使噪声难以得到切实阻隔。同时，绿化范围的不足还将引发一系列环境问题。因此，环境部门需要在公路两侧的建筑周边增添绿色植物，一方面能够阻隔噪声传递，另一方面对于环境保护也具备积极意义。

五、噪声污染防治的法律对策

（一）明晰污染的界定标准

在完善环境噪声污染相关立法中可以这样规定：环境噪声污染是指所产生的环境噪声超过国家规定的区域环境噪声标准，造成声环境质量下降的现象。这样概括具有重要意义，可以更好地保护和改善声环境，增强实际可操作性。在实践中，只需要简单地将科学测量值与环境噪声标准做比较，就可以认定是否造成了环境噪声污染，这样既轻松又方便。超过环境噪声标准的便是有污染，没有超过的则为良好，这样有利于依法管理而且执法效率高。这样一来，污染方可以及时采取措施纠正违法行为，而且有利于保护被侵害人的权益，同时又不会侵犯排污单位的合法权益，一举两得。明确界定噪声污染的定义，可以免去很多不必要的纠纷，也可以预防滥诉行为。

（二）制定新型噪声污染源标准

立法是执法的依据。近年来，低频噪声成了引发大量纠纷的源头，检测人员实地测量后发现，低频噪声依然是小区内给住户带来不利影响的噪声源。而关于低频噪声污染认定的国家标准仍属空白，正是这样的立法漏洞致使在社会生活中存在的很多纠纷无法得到有效解决。

第五节　固体废物污染与防治法

一、固体废物污染概述

（一）固体废物的概念

由《中华人民共和国固体废物污染环境防治法》第 88 条规定可知，法律中对于固体废物形态的定义有几点总结。形态方面：一是固态，二是半固态，三是放置在容器中的气态。可利用率方面：被抛弃之物或丧失其本身价值之物。

1. 城市固体废物的概念

城市固体废物指在城市建设活动之中产生的不再发挥使用价值的不仅限于固态的各类物品、物质，依据其性质的区别，可分为厨余废弃物、包装废弃物、建筑废弃物、电子废弃物、危险废弃物等。

2. 农村固体废物的概念

农村固体废物指存在于农村地区，无法短暂转变为气态或者液态的固体废弃物，包括农村生活垃圾、农作物残留物、农用薄膜、牲畜粪便等。

（二）固体废物的特征

1. 城市固体废物的特征

产品经过使用后最终毫无例外地变成废弃物。经济越发达，城市规模越大，人口越多，产生的固体废弃物的数量也就越庞大。科技进步带来合成产品，这使得固体废弃物的生化属性较以往更为复杂，相应的固体废弃物的处置技术也需要进行优化。

2. 农村固体废物的特征

① 分散性。相比城市固体废物而言，农村固体废物的特点是分散性强。农村地域广阔，人均占有面积比城市大，部分农村地区村屯分布稀疏，因此固体废物的存在具有分散性。

② 多样性。农村固体废物的种类繁多，包括农村生活垃圾、农业生产废弃物、养殖种植业废弃物、农用废弃薄膜等。种类繁多的固体垃圾处理难度更大。

③ 隐蔽性。调查农村地区的时候发现，每到冬季，积雪将农村固体废物覆盖，

在这种情况下，从远处观察看不出来固体废物的存在。并且冬季气温低，非常不利于固体废物的清理。这种隐蔽性使其可待到第二年甚至第三年，导致固体废物在农村地区长期积累，加之有些固体废物极难被大自然分解，进而危害生态环境和人民健康。

④ 周期长。农村固体废物的处理周期相对较长，加之农村交通闭塞，有些被掩埋、被遗弃的固体废物长时间得不到转移和处理，造成固体废物日积月累地沉积。纸巾、纸类书本等 1 个月能降解完毕；表面涂蜡的牛奶和果汁纸盒、硬纸板等 2 ～ 3 个月能降解完毕；原材料是棉花的衣物 6 个月能降解完毕；塑料袋的降解周期则是 20 年，有些塑料过了 1000 年仍不腐烂。人类生活的区域极易产生这些垃圾。上述垃圾也只是固体垃圾的一部分，有些坐落在农村地区的工业工厂甚至直接把固体废物排放在农村周边。

（三）固体废物的危害

1. 城市固体废物的危害

固体废物本身能对生态环境造成严重的危害。

（1）占用土地资源

处理固体废物时需要投入大量人力、物力，堆放时还会占用一定的土地资源，甚至出现垃圾围城的现象。

（2）破坏生态环境

城市固体废物中包括工业固体废弃物，其含有毒害物质，如重金属（如铅、汞、砷等）、放射性物质、毒性物质等。处理这类固体废物时，如果采取的技术方法不当，毒害物质可能进入土壤或水体，造成环境污染。

2. 农村固体废物的危害

（1）对人体的危害

农村固体废物对人体的危害是不言而喻的。农民朋友生活在农村，每天面对的农村固体废物较多，固体废物中的有害特质会通过空气、水等介质被人体吸收，影响人们的健康。

（2）对土壤的危害

农村固体废物对土壤的危害主要来自土地面积的占用和土壤成分的污染两个方面。首先，固体废物的存放需要一定的空间，如果农村固体废物没有经过处理直接存放在农村土地区域内，势必会造成对土地空间的挤占。这会使得可用的土地面积减少。其次，固体废弃物一般带有难分解、分解会产生污染物等特点。废弃物堆放在土地上，有害物会分解渗透到土壤中，造成土地成分失衡，使其失去耕种价值，进而为农户带来经济损失。

（3）对水体的污染

有些固体废物不溶于水，有些固体废物易溶于水。农村固体废物对于水源的污染呈现分布范围广、污染物难消减等特点。具体污染程度如何需要分类分析。一块电池在水中分解，分解出来的有毒物质会污染水源，进而间接进入人体，影响人体健康。

二、固体废物污染的防治

（一）城市固体废物的防治

1. 城市固体废物的单一处理技术

（1）填埋

对固体废物进行填埋处理，不仅方法简单，而且投入成本低，几乎能对所有的固体废物进行处理。但是，填埋技术也存在一些弊端：一是土地利用率不高，填埋场的建设会占用大量土地资源；二是存在二次污染，如降解气体释放出来进入大气，渗滤液浸出污染土壤和水体等；三是卫生问题，主要是填埋后会产生臭味和病菌。

（2）堆肥

堆肥是处理固体废物的一种常用方法，是在微生物的作用下，促使固体废物中的有机物发生生物反应、化学反应，最终生成和腐殖质相类似的物质。堆肥处理的优点是投资成本较低，能减少对环境的污染和影响，取得变废为宝的效果。弊端：一是适用范围窄，无法处理不能腐烂的物质；二是堆肥周期较长，不仅会占用大量土地，而且不卫生；三是无害化程度不高，经济性较差。

（3）焚烧

焚烧处理的优点：处理量大、兼容性好、无害化程度较高。弊端：焚烧厂的占地规模大，需要购买先进的焚烧设施，会对周边环境带来影响。随着生物、化学等技术的发展，以气化处理、热解处理等为代表的新技术出现，将其应用在固体废物焚烧中，能进一步提高处理效率。

2. 城市固体废物的综合处理技术

填埋、堆肥、焚烧等单一处理技术，具有明确的适用范围，因城市固体废物组成复杂，仅凭单一处理技术不能取得理想效果。可以采用综合处理技术，将生

物、物理、化学等手段相结合，将不同处理技术的优势集中起来。

城市固体废物的综合处理技术以厌氧发酵技术为核心，工艺流程图如图 5-1 所示。

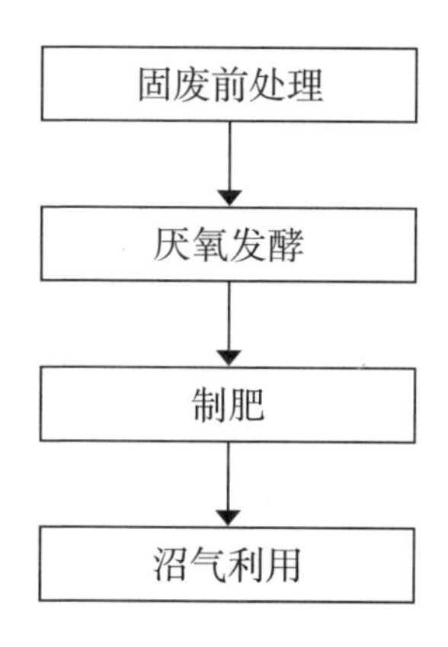

图 5-1　工艺流程图

（1）固废前处理

该环节的目的，一是清理粪便和污泥中的杂质，将石头、塑料、玻璃等物品挑拣出来，使最终得到的有机物粒径均匀、含水率适宜；二是使餐厨垃圾实现固液分离和油水分离，包括破碎、离心、匀浆等工艺。处理完后，所有的废物可分为三大类，分别是有机物、油脂和杂质。其中，有机物是厌氧发酵的原料；油脂回收后加工制成生物柴油；杂质一部分回收利用（如玻璃、金属、塑料等），一部分卫生填埋（如石头、瓦砾等）。实际操作中，该环节比较复杂，主要是因为废物中的各种成分多，需要采用不同的处理技术。

（2）厌氧发酵

经固废前处理后，厌氧发酵原料的粒径 <5 mm，先进入调节罐调质，然后加入厌氧菌发酵。该环节需要用到厌氧发酵罐、搅拌设备、加热装置、物料传输单元和沼液收集装置。发酵温度为 35℃，时间周期为 14 ～ 21 天。

（3）制肥

经过厌氧发酵后，沼渣可用于制造肥料。其处理步骤如下：先使用压滤机进行压滤，再用烘干机烘干，最后调整各种营养元素的比例，在造粒机内得到颗粒状有机肥。经检测，这些有机肥的营养含量符合行业标准，不仅团粒结构良好，而且保水性能较高，可以用于农业生产。另外，厌氧发酵后形成的沼液，少数回收经过处理作为工艺水使用，多数制成液态有机肥用在园林绿化工程中。

（4）沼气利用

厌氧发酵形成的沼气，收集后进行脱硫、脱水、提纯等处理，然后得到纯度较高的沼气再次利用。其中，少部分用于制肥环节，为供热和烘干提供能量；大部分用于沼气发电，电力用于车间生产。

从整个工艺处理流程来看，以厌氧发酵为核心的综合处理技术，既可在废物中回收利用有价值的物质，又能生产出清洁能源——沼气。另外，沼渣和沼液还能制成有机肥，具有良好的经济效益和环保效益。

3. 城市固体废物的资源化利用

（1）坚持分类处理

分类是提高资源化利用效率的关键。以城市生活垃圾为例，分为可回收、厨余、有害、其他垃圾四大类，不同类型的垃圾不能混装，应放置在对应的垃圾桶内。坚持垃圾分类，有利于后续的运输和处理工作，以有机固体废物为例，环卫车辆将其集中起来，然后运输至焚烧厂，在焚烧中发电或供热，实现资源化利用。

（2）创新处理工艺

对处理工艺进行创新，提高固体废物的利用价值，也是资源化利用的有效途径。以焚烧技术为例，传统箱式焚烧炉的效率低，易产生有害气体，通过工艺创新可以解决这些问题。如等离子体垃圾焚烧炉，其采用热源技术，燃烧时温度达到 1400℃，再配合电热转化技术，可提高热量利用率。固体废物进入焚烧炉后，经脱水、热解和裂解，转化为可燃性气体，在等离子体高温环境下二次燃烧，可将毒害物质彻底分解。实际应用表明，经等离子体垃圾焚烧炉处理后，固体废物的体积会减小 97%，不会产生毒害气体，且焚烧炉占地面积小。

（二）农村固体废物的防治

1. 完善公众参与制度

法律法规和政策的最终受益者是人民群众，既然人民群众是最终的受益群体，那么当然有权利参与法律、法规、制度和政策的制定。然而，我国农村居民对涉及自身利益制度的制定并不十分关注，加之生态环境是公共环境，与其相关的权利和义务属于公权力和公义务。如何提高公众参与的积极性是当前立法工作者需要思考的问题。德国、日本在公众参与制度上的做法值得我们借鉴。比如，德国为了完善公众参与制度，建立了通告制度、公众意见回复以及立法听证会制度等。

2. 提倡绿色消费理念

环保、卫生、宣传等部门应下乡宣传绿色消费理念及固体废物的处理知识。

农村地区人群的环保意识普遍不强，消费转型升级在农村还存在“最后一公里”的距离。比如，农民一般都会选择实用性较高的产品，却忽略了环境的保护问题。不易腐蚀的一次性塑料袋、不易降解的农用塑料薄膜等依旧是农村普遍存在的固体废物。

农村固体废物的处理不仅靠政府，更需要全民的共同参与。

3. 明确政府主管部门职责

农村固体废物管理工作涉及多部门及机构，因此要明确各方责任。农村环境整治依靠多方力量，仅仅靠政府还不足以实现农村固体废物的完全处理。通过立法明确各方的职责有利于农村固体废物处置工作有效推进。

4. 建立农村固体废物付费制度

很多国家都把环境付费制度确立为环境法的一项基本原则。环境付费制度有利于让固体废物产生部门对自己随意排放的固体废物产生负责意识，同时也有利于激发创新行为。企业为了降低付费成本，会加大对创新项目的投资以便减少自身付出的多余成本，因此，有必要建立农村固体废物付费制度。

三、固体废物污染防治法

（一）我国固体废物污染防治法律制度存在的不足

1. 立法方面的不足

法律规范缺乏协调性，不同法律规定之间存在冲突。我国现行法律大多数是在传统粗放型经济模式下制定的，这必然与市场经济条件下的运行机制不相适应，在立法体系和内容上存在着许多不完善之处。固体废物污染防治的相关法律制度在立法之初没有通盘考虑，导致整个固体废物污染防治法律规范体系之间不够协调，包括基本法与单行法、单行法与实施细则、国家法与地方法以及环境法与其他法律法规之间不够协调，有些甚至相互矛盾和冲突。

2. 法律实施方面的不足

根据《中华人民共和国环境保护法》第 7 条的规定，我国在环境保护领域实施的是统一监管与分工负责相结合、多部门、多层次的环境管理执法体制。在这种体制下，执法主体林立，执法权力和执法责任分散，不利于集中执法、统一执法，容易造成执法混乱，也会给执法相对人履行义务造成极大的不便。此外，环境行政主管部门与其他环境行政执法部门之间、其他环境保护执法部门之间的执法权限和责任不分明，在实际执法中，造成环境行政执法部门互相扯皮、争夺权力、推卸责任的现象出现，严重影响了环境行政执法的效率。

（二）完善我国固体废物污染防治法律制度的建议

1. 立法层面

应该在立法宗旨和指导思想中全面体现可持续发展的要求。可持续发展理念作为划时代的全新发展理论，在21世纪具有重要的指导意义。在可持续发展理念盛行的大环境下，固体废物污染的源头预防和全过程治理开始代替末端治理成为发达国家治理环境污染的主要方法。发达国家的前车之鉴，让我们清楚地认识到，只重视固体废物的末端治理，却没有从根本上找到产生污染的真正内因，是无法很好地解决固体废物的污染防治问题的。多年来，我国固体废物污染防治工作尽管在治污控污方面倾注了极大的精力，也取得了很大的成就，但各种污染问题仍旧很严重，继续污染的趋势没有得到根本的遏制。既然末端治理不能从根本上解决固体废物污染的防治问题，那就从源头和过程方面去寻找解决的途径，从经济发展模式上去寻找解决问题的根本办法。

2. 法律实施层面

根据目前我国固体废物污染防治工作中存在的问题并借鉴其他一些国家的先进经验，我国应建立适应社会主义市场经济发展的固体废物污染防治的新体制。

第六章 生态环境监测与质量评价

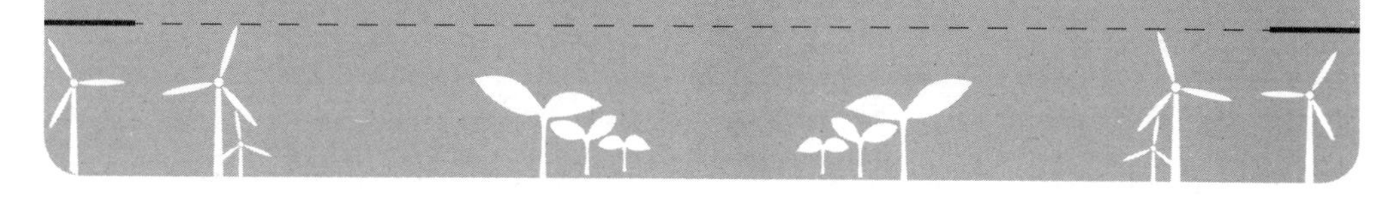

在环境影响评价中，环境监测是十分重要的一项工作，发挥着十分重要的作用。环境监测是否真实与未来环境的优化管理、持续发展等方面有着十分密切的关系，所以，应该充分认识到环境监测的重要性，并且采取有效的监测措施，使其可以充分发挥作用，促进环境影响评价真实性的提升。本章包括生态环境监测、生态环境质量评价、环境影响评价三部分。主要有生态环境监测基本概念与特征、生态环境质量评价要素、环境影响评价的评价策略等内容。

第一节 生态环境监测

一、生态环境监测基本概念与特征

生态环境监测在环境保护活动当中扮演十分重要的角色，可以将物理技术与化学技术结合在一起，对日常生活中对人体健康产生危害的有害物质展开跟踪监测，如放射物质、粉尘等。同时，可以结合环境监测中获得的数据对有害物质的成分进行详细分析，然后将此作为依据。针对环境变化呈现出的规律进行研究，根据实际情况制定环境保护措施，从而对生态环境和环境污染进行有效管理。环境监测的专业性及严谨性较强。

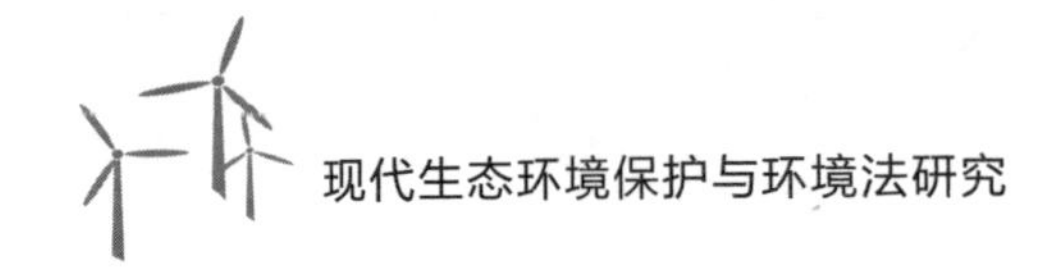

二、生态环境监测运用于环境保护当中的重要价值

（一）发挥探测器的作用

进行环境保护时，影响保护效果的因素比较多，为了使环境保护充分落到实处，应注重落实环境监测，促进环境保护工作效率的提升。环境监测在环境保护中能够发挥探测器的作用。开展环境监测工作时，会对区域中的土壤、大气、噪声、水体等进行采样，并展开详细分析，进而发现代表性比较强的污染物。

（二）为环评工作创造良好条件

区域中进行重大项目开发以及重大项目建设时，都需针对其产生的环境影响进行评价，进而减少经济建设过程中对环境产生的不良影响。环境监测作为监测环境的一种重要手段，能够使人们获得环评因子，从而为环评工作顺利进行创造良好的条件。

三、生态环境监测存在的问题

（一）监测人员的水平不高

在环境监测过程中，或多或少都会出现一些问题，若对导致这些问题的原因进行分析和探讨，则会发现其中最主要的原因是环境监测人员的素质普遍低下。其自身素质、素养比较低，责任心不够，导致工作质量不高。很多地方的环境监测部门的准入门槛比较低，工作人员在上岗之前，没有经过一定的培训，无法满足工作要求。

以外，由于环境监测常常需要在野外进行，对那些环境污染比较严重的地方来说，进行勘查的时候其环境条件比较艰苦，很多人难以长期适应这种工作环境。因此，环境监测人员的流动性比较大，给环境监测工作的开展带来了不利影响。

（二）设备资源配置不合理

要想保证环境监测工作有效展开，前提是必须要有合理的设备资源配置。因此，检测设备的不合理配置，也会影响环境监测的科学性和准确性。各种设备是环境监测工作能够顺利开展的基础保障，它不仅直接决定了环境监测工作是否能够有序开展，还关乎环境监测技术能否实现创新性发展。然而，从当前我国环境

监测发展的实际情况来看，我们在设备资源配置方面仍然存在着很多不合理的地方。很多老化严重的监测设备依然在使用，这一部分设备早已经丧失掉了部分性能，在实际的工作过程当中难免出现问题，影响结果的准确性，从而使得环境监测的结果不能为后续操作提供科学数据，进而使得环境保护工作停滞不前。

环境监测工作对于各类配套设施的依赖性很高，并需要从业人员定期对环境信息进行采集与处理，而这一过程需要足够的资金支持，如果区域经济条件不好，那么环境监测技术体系将很难成型。在我国东部地区，经济较为发达，环境监测技术体系十分完善，各类技术设备也一应俱全。但在我国西部地区，受经济因素的限制以及人民群众对环境保护工作不重视，环境监测工作并没有真正落到实处，地区居民以及相关部门也没有真正认识到环境保护工作对于其日常生产生活的重要作用，无论是资金层面还是思想层面，都未能对环境监测工作形成有效补充，环境保护工作的开展困难重重。

（三）监测技术体系的作用范围太小

我国环境监测技术的研究起步较晚，很多技术手段依旧受传统工作机制的影响，相关技术设备与配套设施也没有得到全面完善，进而导致实际环境监测质量未能得到彻底优化。

此外，受资金投入的影响，很多偏远地区以及经济欠发达地区的环境监测投入很少，环境监测体系没有实现全面覆盖。同时，我国地域辽阔，很多地区山高路远、树大林深，这就导致环境监测设施的建设工作很难有效开展，地方相关部门的环境监测需求难以满足。

四、生态环境监测技术水平的提升策略

（一）完善环境监测系统

开展环境保护时，较为重要的是及时发现环境问题，并提出有效的治理方案。环境保护工作要想获得有效实施，应注重环境监测系统的完善。环境监测实施时技术性比较强，需在合理位置运用监测设备展开监测工作，在此基础上，才能进行准确、全面的分析。通过完善环境监测系统，能够进一步提升监测效率以及监测效果，使监测的准确性得到充分保证。

同时需针对工作人员的实际工作情况展开检查与监督，形成科学的奖惩制度，不断提升工作人员在实际工作中的能动意识。

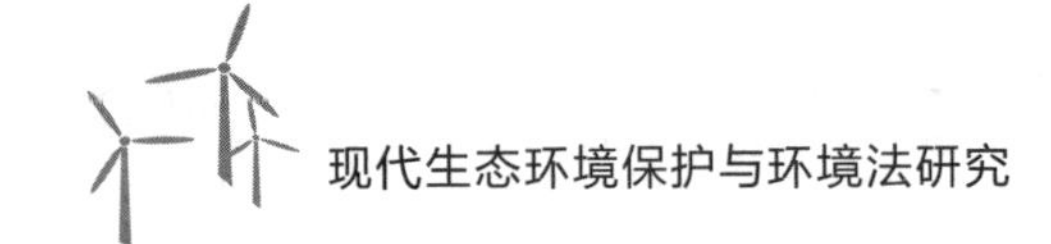

现阶段，我国的环境监测预警系统还未能真正发挥其本质作用，很多隐蔽的环境问题无法得到有效识别，环境监测系统中的警报系统工作效率长期处于较低水平。对此，相关部门需从员工管理与技术管理两个层面入手，加快推进技术完善工作，认真分析不同环境问题的具体成因与影响，并根据其特征与影响方式，完善环境监测预警系统，提高该系统对各类问题的反馈能力与预警能力。

同时，相关单位也要加强员工培训工作，明确环保工作者与管理者的职责，提高从业人员的专业性，完善环境保护设施。针对当前系统内部的漏洞以及对部分隐蔽环境问题的忽视，从业人员应对系统进行重建与创新，充分利用现代科学技术手段，提高系统的自动化与智能化水平，提高程序逻辑判断效率，进而使其适应社会发展需求。

（二）创新检测技术和设备

我国的环境监测设备、监测技术以及相关设备体系的维护机制长期处于较低水平，受观念因素的影响，很多单位和企业对环境保护工作不够重视。现阶段，我国环境监测工作的主体是政府相关部门，这就导致人民群众对于环境保护工作的参与程度较低。

针对现阶段我国环境监测中技术与设备资源配置不合理的状况，必须提高对环境监测技术的重视，加大对设备采购的资金投入。伴随社会经济水平的不断提高，城镇化建设的推进必然带来更大的环境污染问题，所以环境监测技术必须要与时俱进、不断创新，只有这样才能够真正地发挥出技术优势。不仅如此，环境监测部门还需要积极申请相关的资金支持以及优惠政策，在技术和设备方面加大资金投入，从而推动我国环境监测技术获得更大的发展。

（三）设置科学的环境监测制度

制度是各项措施得以顺利进行的重要保障，在开展环境监测时，应注重制度建设。就我国当前的状况来看，多数环境监测工作在实施时未能构建比较科学的管理制度，以致相关管理人员在实际工作中难以清晰明确自身责任，环境监测取得的效果并不理想，环境保护工作难以顺利实施，人们的生活没有得到较大程度的改善。因此，需注重完善管理制度，运用合理的方式促进管理制度落实，保证各项工作在实施时做到统筹兼顾，进而提升环境监测水平。并且管理人员需针对监测人员在工作中的组织框架进行调整，构建垂直管理方式，使每个人员开展监测工作时都能体现出针对性。另外，需对监测结果展开分级整理，促进部门之间

有效协作和沟通，体现出环境监测在实施时的科学性与整体性，进而使制度优势充分发挥出来。

（四）建立高素质的监测队伍

环境监测系统的应用以及各类科学技术手段的实施，需要从业人员具备必要的基本素养与技能，只有这样才能真正发挥监测系统的作用，并找到原有系统内部的漏洞，为后续系统的优化升级提供建议与参考。

要想保证环境监测的高效性与完善性，就应注重高水平监测队伍的构建，保证工作人员具有良好的专业技能与专业知识，进而使环保工作得以有序进行。因此，环境监测相关部门应做好人才培养工作，促进相关工作人员提升环保意识。

监测人员的综合素质很大程度上影响着环境监测工作的开展，环境监测不仅要求工作人员具有扎实的专业知识、丰富的监测经验，还要求他们有吃苦耐劳、兢兢业业的精神品质。首先，要提高聘用门槛，在上岗前，要对监测人员进行全方位的考核；其次，平时要注重对监测人员开展技术培训，让他们能够在培训中锻炼自己，从而提升自身的职业素养；最后，环境监测部门要为监测人员提供更好的福利待遇，使他们能够安心开展工作，保证人员流动的稳定性。

（五）重视物理技术和化学技术的运用

环境问题当前比较突出，环保工作在实施时困难重重，因此环境监测应积极运用多种手段，在此过程中，应加强对物理技术与化学技术的运用。环境监测虽然在内容上比较复杂，但是从整体上对其进行划分，可以分为化学监测与物理监测两种。

（六）提高我国环境监测的信息化水平

在各行各业不断实现信息化的今天，环境监测要想迈上一个新台阶，必须充分利用计算机技术来提高工作的效率。由于环境监测的信息化水平比较低，很大程度上阻碍了工作效率的提高，影响了环境监测的进一步发展。因此，必须采取有效的措施来提高我国环境监测的信息化水平，比如改变纸质工作模式，提高环境监测的效率和精准度，以此推动我国环境监测工作的创新发展。

（七）加大资金投入和政策支持力度

考虑到我国不可再生能源的枯竭状态和环境污染程度的加剧，相关部门应该积极地树立环境保护意识，真正认识到环境监测的重要性。相关部门应逐步增加资金投入，使环境监测工作的开展拥有可靠的支持。只有具备了充足的物质条件，才能为监测工作的开展提供合理的保障。政府部门应该积极规划环境监测的财政拨款，依照环境监测工作的开展需求，对于需要运用到的设施加以完善，促使环境监测工作逐步推进。

第二节　生态环境质量评价

一、生态环境质量评价要素

生态环境质量评价就是对特定的生态环境优劣做出定量和定性的评价，其目的在于提高人们对当前生态环境质量变化的辨识能力，确保生态环境质量保持在人类生存和发展所必需的范围内。生态环境是自然子系统、社会子系统、环境子系统的结合与协调，是一个结构复杂、层次多样的系统。

（1）自然子系统。自然地理条件是构成生态环境综合系统的物质基础，能够反映生态环境综合系统的状态。因此，需从气候、土地、水文和植被4个方面衡量自然状况。

（2）社会子系统。生态环境综合系统的复杂之处在于人类活动的参与，需探讨人类活动与自然环境之间的相互关系。

（3）环境子系统。现有环境污染方面的研究，大多是从空气、水和土壤等单方面展开，尽管能从不同角度评价环境的状况，但仍缺乏综合性和全面性。另外，有少量学者基本较完整地构建了生态环境评价的体系框架，但都是从工业生产的角度研究工业对生态环境的污染状况，对人类活动的参与未做考虑，其评价结果缺少人类生活方式对生态环境的影响，如生活垃圾、生活污水的排放并未考虑在内，指标的选择不完整，缺少综合性。

二、生态环境质量评价体系构建的原则

生态环境质量评价是一项复杂的系统工程，涉及自然子系统、社会子系统、环境子系统多个方面，评价指标体系的构建应当有利于生态环境质量水平在横向和纵向上可比较。因此，筛选的指标应当可获得性强、测度的便利性强、包含的内容更丰富。

全面、综合、科学的评价指标体系应遵循的原则如下。① 科学性原则。构建的评价指标体系必须能够客观准确地反映待评价对象的基本特征、发展状况。② 可行性原则。评价指标应当选用与统计部门、业务部门相关规范标准一致的指标，避免选取或采用不常用、难以统计的指标和数据，以保证评价指标体系的实用性和评价结果的有效性。③ 综合性原则。生态环境涉及自然子系统、社会子系统、环境子系统多个方面，评价指标必须将所有这些方面的内容都包含其中，不可遗漏，但也要注意避免重复堆砌。④ 客观性原则。构建的评价指标体系必须满足评价地区的实际情况，能准确反映评价对象的独立特性。⑤ 以人为本原则。生态环境中不能忽视人类活动的参与。在选取相关指标要素时，必须考虑人的参与，体现人类社会在生态环境中的影响力。

三、生态环境质量评价指标体系的构建

（一）自然子系统评价指标体系的构建

自然子系统主要从气候、土地、水文和植被 4 个方面衡量自然状况。其中，气候可选取年降雨量、年日照时数和年平均温度 3 个指标；土地方面可选取耕地面积作为指标；水文方面可选取地表水资源量、地下水资源量、水资源达标率 3 个指标；植被方面可选取绿化覆盖率作为指标。现有研究表明，植物、土壤、河流、湿地等都对空气污染物、水污染物、固体污染物具有吸纳、净化作用。因此，建立这些指标不但可以衡量自然子系统的基本特征，还能反映其自净能力。

（二）社会子系统评价指标体系的构建

生态环境中的社会子系统反映的是其以人为本的基本指标体系构建原则，可以从人口和经济两个方面衡量该子系统的基本情况。其中，人口方面选取人口密度和城镇化率两个指标来衡量，体现居民获得感情况；经济方面选取 GDP、第三产业比重、高新技术产值和能源消耗作为指标。

（三）环境子系统评价指标体系的构建

环境子系统是生态环境中最重要的子系统，其评价主要围绕环境污染状况进行，可以从大气、水和土壤 3 个维度综合衡量。大气方面选取空气质量优良率、二氧化硫排放量、氨氮排放量、氮氧化物排放量作为指标；水污染方面选取废水排放量和污水处理率作为指标；土壤方面选取工业固体废弃物产生量、工业固体

废弃物综合处置利用率、生活垃圾清运量、生活垃圾无害化处理率、化肥施用量、农药使用量、农用塑料薄膜使用量这 7 个指标。

第三节 环境影响评价

一、环境影响评价的概念

环境影响评价（EIA）在国外于 20 世纪 60 年代中期出现。在我国，EIA 主要是针对建设项目来说的。EIA 在本质上（或在很大程度上）是对发展项目环境影响的一种反映性评估，而不是前瞻性预测，它在发展项目的选择及优化布局方面的作用是有限的，往往只能针对某项目的污染状况提出一些控制和治理污染的措施。

环境影响评价开展过程中应以特定区域的发展方向、发展目标及发展方式为主要评价对象，针对某区域的发展对环境造成的影响制定科学的评价体系，根据评价结果制订不同的开发方案，力求制定出经济合理、能满足区域环境容量的区域开发次序。

结合我国实际情况来看，相关部门主要针对开发项目所在地区进行调查，分析环境现状及历史演变，识别敏感环境问题并分析可能会降低规划质量的主要因素，对评价指标进行量化，展开环境影响分析与评价，制定合适的环境保护措施，开展公共参与，持续关注该区域的发展状况，结合评价指标对该区域的发展规划及时进行调整。

二、环境影响评价的方法

环境影响评价的方法有很多，大致分为两类：一类可以应用于建设项目环境影响评价中，如应用频率较高的清单法、矩阵法、网络分析法；另一类可以广泛应用于经济部门与规划研究中，如各种情境和模拟分析以及环境承载力分析。

三、环境影响评价的评价策略

（一）政策评估的评价策略

政策评估法是环境影响评价过程中经常使用的一种评价方式。这种方法将环境保护政策和环境评估紧密结合在一起，能够形成环境评价的最优体系，政策评

估法中的区域预测、系统模拟及模拟分析在环境影响评价中扮演着非常重要的角色。政策评估和环境影响评价都需要面对决策者和公众，政策评估的本质是判断政策是否可行及分析影响政策可行性的原因，而环境影响评价则需要对项目可能对环境造成的影响进行判断，政策和项目之间有着较为紧密的联系，因此，政策评估方式对环境影响评价具有十分重要的指导意义。

（二）应用地理信息系统

随着时代的发展，地理信息系统已广泛应用于各地的管理部门。在开展环境影响评价时，相关人员要对周围的环境信息进行搜集，以获取环境影响评价需要的重点信息。因此，工作人员要积极应用地理信息系统，从根本上提高环境影响评价的效率，降低确定评价因素的难度，保证环境评价工作的质量。

环境影响评价策略是不断创新发展的，工作人员要不断开阔眼界，在应用传统评价策略的基础上引进新技术，满足时代发展对环境影响评价提出的新要求，不断创新，将重点放在评价体系全面性和综合性的提高上，贯彻落实可持续发展理念，构建高效的评价体系，保证环境影响评价工作开展的有序性和高效性。

第七章　生态环境保护与可持续发展

发展是解决一切问题的总开关。在发展过程中产生环境问题不可避免，想要正确处理好经济发展同生态环境保护之间的关系，应坚持可持续发展理念。本章包括生态环境保护的权利、义务与责任体系，生态环境保护可持续发展的策略两部分。主要有政府与环境保护——监管与责任、环境保护和可持续发展现状等内容。

第一节　生态环境保护的权利、义务与责任体系

一、政府与环境保护——监管与责任

（一）政府环境保护监管

1. 相关概念

政府环境保护监管（简称"政府环保监管"）是指地方政府以及相应的环境保护行政主管部门，为满足当地社会经济发展的基本需求，既要保障当地居民的生产生活所造成的影响是环境可以承受的，又要严格按照环境法律法规监管当地的社会、企事业单位、个人等会造成污染的主体，目的是打击环境污染行为，防止环境被破坏，促进当地环境良性发展。

环境保护监管与环境治理的区别主要体现在：环境治理是通过强化政府环保

部门的职能，以及多个职能部门的分工配合，采用多种手段，组织和监督各个单位和公民，共同治理环境污染的过程。环境保护监管是政府与相关职能部门配合，共同打击环境污染行为，防止环境遭受破坏，保护环境质量的行为。其联系主要体现在：政府进行环境保护监管与环境治理的目的是一致的，它们的目的都是改善一系列的环境问题，遏制生态环境的恶化，满足公民对生存环境的基本需求。

2. 理论基础

（1）公民环境权理论

公民环境权是指人类对影响其生产生活、生存发展的多种自然因素应该享有的基本权利和应该承担的各种义务，是在生存权的基础上发展而来的，是旨在实现人与自然相互尊重、和谐共处的新型人权。在确保经济发展的同时，保障公民环境权的实现，是政府进行环境保护监管的目的之一。政府进行环境保护监管，就是在保护环境的同时，保障公民环境权的实现，确保经济发展造成的污染在环境可承受的范围之内。

从公民环境权的角度分析，公民享有保持自身健康的环境需求，而公民本身不是环境管理者，在维护自身权利方面属于弱势群体，公民要实现环境权需要掌握公权的政府进行支持和引导。因此，地方政府应该对辖区内的环境进行监管，控制环境污染，维护公民的环境权益，地方政府进行环境保护监管是实现公民环境权的基本要求，因此，公民环境权可以作为地方政府进行环境保护监管的理论基础。

（2）生态文明理论

生态文明理论是以人与自然、人与人、人与社会和谐共生、共同发展为基本宗旨的一种理论。生态文明是人类文明发展过程中的一个新的阶段，是工业文明之后的文明形态。生态文明的内涵包括人类遵循人、自然、社会和谐发展这一客观规律而取得的物质与精神成果的总和。

生态文明理论是环境保护监管领域运用比较广泛的一种理论，它深刻总结了人类的发展是在可持续发展领域和生态环境保护方面取得的新成果，是中国特色社会主义理论体系的重要内容。

3. 政府环境保护监管的对策

生态环境保护功在当代、利在千秋。各地政府应该深刻认识到保护生态环境的紧迫性和艰巨性，时刻谨记加强生态文明建设的重要性和必要性，以民众对美好生活的向往为奋斗目标，维护公民环境权，加强生态文明建设，将社会主义生态文明建设的理念融入政府环境保护监管工作当中，为民众创造良好的生产生活环境，从而促进社会全面、协调、可持续发展。

（1）完善政府环境保护监管的法律法规

法治是治国理政的基本方式。人情社会过渡到法治社会，应当让权力服从于法治；生态环境保护监管和资源保护离不开政府政策的引导，然而更深层次的影响则取决于切实可行的法律法规。尽管国家的环境保护法律经过多年发展得到了完善，但是涉及乡镇政府环境保护监管的部分仍然比较欠缺，推动国家环境保护立法向乡镇政府倾斜是解决今后乡镇政府环境保护监管、环境污染执法问题以及企业与群众之间环保纠纷的有力手段。相关职能部门应当认真贯彻全面依法治国要求，做好实地调研，根据发展的实际情况制定科学合理的法律法规。

（2）将环境保护监管纳入政府绩效考核机制

在掌握环保监管规律的基础上，不断创新和完善全面、科学、合理的政府绩效考核机制，以达到改善生态环境质量、推动社会可持续发展的目标。把环境保护、资源节约、生态效益等能够体现生态环境状况的指标纳入发展的客观评价体系，从而促使政府转变发展观念与思路，解决政府环境保护监管责任落实不到位等问题。政府应当构建全面的政绩考核制度，合理对待 GDP 指数，做到经济指标和政治、文化、社会、生态质量指标同步提升，重视生态文明建设，提高民众的幸福感。

（3）健全乡镇政府日常环境保护监管工作机制

科学系统的环境保护监管工作机制能确保政府更好地为人民服务，将环境保护监管工作从被动应付转变为主动防范，从而实现政府的环境保护目标。同时在日常工作中，市、县两级环境保护监管部门应当多给予乡镇环保部门帮助，建立高效的工作机制。乡镇环保部门应不断完善环境监督检测应急预案，保证各级政府在环境污染状况发生时，能够及时厘清问题，快速做出反应，最大限度地减少环境污染带来的损失。各级政府应该确保环境保护监管责任明晰、权责匹配、措施到位，坚持环境保护巡查全覆盖。

（二）政府环境法律责任

1. 相关概念

首先，政府环境法律责任作为政府责任的一种，应当服从于公众对于政府法律责任的期待。其次，环境问题的特殊性也使得政府环境法律责任拥有其特殊含义。环境问题的发展具有延续性，它不同于经济问题，当经济出现问题时，通过一系列的刺激手段，可以使其在短期内收获立竿见影的效果，并且当某一部分的经济出现问题时，对其他部分经济的影响具有局限性。而环境问题是一个动态的、

整体的过程，政府行政行为具有时效性，而行政行为进行时所产生的后果对环境责任具有延续性，这就要求政府在行使其权力时，应当兼顾其环境法律责任，预见到其所进行的行政行为将对环境产生的影响，并在行使的过程中不断调整，以增加正面影响，减少负面影响。

因此，政府环境法律责任是指政府在行使其权力的过程中，所应承担的保护环境公共利益的责任。政府环境法律责任贯穿于行政行为制定与执行的始末，它包含了积极责任与消极责任两方面；积极责任指政府应当考虑环境利益，在保护环境的前提下做出行政行为；消极责任则是指政府行政行为违反了环境行政法律规范，或者其法律职责不作为时所应当承担的法律后果。

2. 政府环境法律责任的特征

政府环境法律责任具有动态性的特征，随着社会的发展而不断变化。工业社会时期，经济发展优先于其他方面，社会允许牺牲部分环境利益换取经济发展。这一时期，政府所承担的环境法律责任较小，即维持公民生存所需的基本环境即可，并不要求环境质量。随着社会不断发展，社会经济不断转型，人们对环境质量的要求越来越高，符合社会公共利益的环境质量内涵变为了对美好生活环境的追求，达到人与自然和谐共生。所以，政府环境法律责任的内涵在不断丰富。除此之外，政府职能的不断转变，使其从管理走向服务，政府作为公共物品的提供者与公共利益的维护者，其环境法律责任不仅存在于监管方面，还存在于制定、落实、问责的各个环节。因此，政府环境法律责任的内涵与外延是动态变化的。

政府环境法律责任具有复合性的特征。人类所依赖的环境是一个整体，与工业、农业、交通等方面息息相关。从近年来频发的环境事件可以看出，环境事件通常由工业、农业等领域的活动所引发，因此，政府环境法律责任不只是指向单一的政府环境部门或某地区的环境质量。政府在进行行政行为时，应当将环境法律责任考虑在内，在社会经济发展的各个方面体现出来。

3. 政府环境法律责任的要素

（1）政府环境法律责任的主体——中央政府

中央政府是指国务院及其所属的工作部门，中央政府是我国行政系统的最高级，负责统领全国的经济、政治、文化和社会等各个方面的行政事务。《中华人民共和国宪法》第26条规定，国家保护和改善生活环境和生态环境，防治污染和其他公害。国务院作为我国的最高行政机关，承担着国家的环境保护义务，应当以保护和改善生活环境及生态环境为职责。

（2）地方各级人民政府

地方各级政府是指除中央政府之外，在一定的辖区之内，由该行政区的人民代表机关产生的地方人民政府，包括省（自治区、直辖市）、市、县、乡四级人民政府。中央政府作为国家的最高行政机关，对我国的环境保护起统领作用，其主要职责是制定国家环境质量标准，指导并监督地方政府的环境保护工作，监控全国生态环境质量，进行整体把控和规划。而地方政府相较于中央政府，其环境职责更为具体，主要负责执行中央政府制定的环境保护政策，对本行政区域的空气、河流、土壤等环境承担法律责任，并受上级行政机关的监督。

（3）地方行政部门

地方行政部门作为地方各级政府的内部工作部门，在以往研究中多将其与地方各级人民政府同属于一个主体，“对于一个地方的环境保护而言，地方政府发挥着主导和核心作用，这是由环境保护自身的外部性和中国政治体制下政府对工业发展的主导作用共同决定的”。而政府行政部门或多或少地具有环境保护职责，从行政职责与利益考量两方面，应当将其单列出来，作为独立承担政府环境法律责任的主体。

4. 政府承担环境法律责任的内容

依据政府环境法律责任的定义，政府所应当承担法律责任的内容除了对不利后果的承担，还应当包括行为责任的承担。政府环境法律责任的内容依据行政行为做出的全过程，可以分为行政行为做出前的环境评价责任承担、行政行为进行时的环境执行与环境监督的责任承担，以及行政行为完成后的环境问责与承担三个部分。依据政府环境法律责任的定义，前两个部分作为政府在进行环境行政行为时应履行的职责，属于积极责任，环境问责则属于政府承担环境法律责任中的消极责任。

政府环境法律责任中的环境监督责任是指政府在进行行政行为的过程中，有责任进行监督与被监督。监督是指上级政府与上级行政部门对下级政府与下级行政部门的监督，当下级行政机关进行的行政执法行为对环境产生不好的影响时，应当及时纠正或制止。而被监督除了被上级政府监督，还应当被公众舆论监督。政府系统内部的监督是程序性的，除了其本身的系统性问题，还存在人力、物力、财力的限制，无法对政府的行政行为进行全面的监督，从而无法保证政府履行环境保护职责，承担环境法律责任。而公众舆论对于政府的监督更加真实、全面，并且更符合效率原则。公众舆论监督中，进行监督的主体应当包括公民、媒体、环保组织等。除此之外，行政信息公开也是承担政府环境法律责任的一种方式。

二、企业与环境保护——管理与治理

（一）企业环境保护管理

1. 企业环境保护管理制度

目前，我国企业环境保护管理制度主要有以下几类：第一，污染物总量控制管理制度，主要是指相关工作人员根据我国政府总量控制指标要求，以及环保部门向各个企业生产车间发布的指标，建立的污染物总量台账管理制度；第二，考核体系和监测体系管理制度，主要是指相关部门对企业的所有耗能单位进行摸底调查，结合企业耗能的实际情况开展环境监测；第三，环境统计管理制度，主要是指相关部门对企业的排污情况进行勘察，并做出相关统计；第四，污染源台账管理制度，环境保护相关部门联合企业生产单位，对企业内部的污染物排放量进行实际监测，建立完善的污染源台账；第五，环保设施台账管理制度，主要是指企业环境保护部门为了及时准确地掌握企业内部环保设施运行的实际情况，对环保设备进行必要的检修和维护；第六，环境监测计划管理制度，主要是指政府环境保护相关部门，为了落实废气、废水、大气污染和噪声污染防治管理工作，根据相关环境保护要求和规定制定企业年度生产废气、废水、大气污染和噪声指标，根据指标实际完成情况设置相关奖惩措施；第七，固体废物管理制度，主要是指政府环保部门针对可回收或不可回收的固体废物开展的专业化管理。

2. 企业环境保护管理的落实措施

（1）强化环境保护管理教育，提高员工的环境保护意识

在企业经营管理中，为了切实提高企业环境保护工作的效率，提高环境保护管理制度的有效性，企业应从思想意识上提高对环境保护重要性的认识，提高全体工作人员的环境保护意识。尤其是企业管理人员应积极主动地学习与环境保护制度相关的内容，学习科学的环境治理政策。企业领导人员只有建立良好的环境保护意识之后才能引导其他员工提高环境保护意识，才能保证已经具有环保意识的员工积极配合企业领导人员颁布的所有环境治理政策，将日常生活习惯和工作习惯与环保挂钩，才能调动员工的积极性，让员工积极参与到企业举办的各项环境保护活动中，提高企业环境保护管理制度的有效性。

（2）完善环境保护管理制度，建立健全考核监管机制

为了保障企业环境保护管理工作顺利开展，必须完善环境保护管理制度，建立健全考核监管机制。

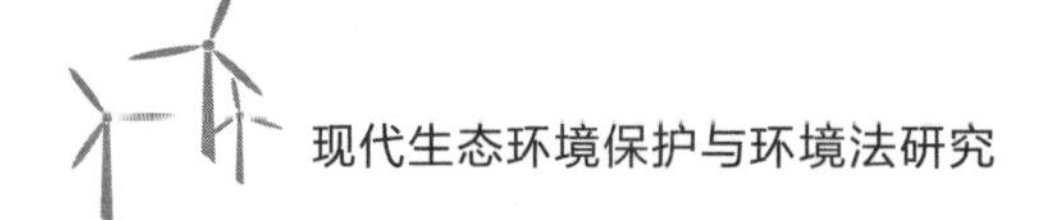

首先，企业应结合自身生产车间实际污染物生产情况及污染物浓度，制定相应的环境保护管理制度，适量购买相关设备对企业生产车间产生的废气、废物、废水、废料进行二次加工，减少污染物排放，从而提高企业环境保护工作的质量和效率。

其次，建立健全考核监管机制能够从制度方面约束员工的意识和行为，还能加强对员工环境保护工作的监督。

最后，建立相应的奖惩机制，对于为企业环境保护工作出谋划策的工作人员给予一定的奖金奖励，对不利于企业环境保护事业发展的员工要给予相关的惩罚措施，以此来调动员工的积极性，规范员工日常行为，从而提高企业环境保护工作的效率和质量。

（3）创新环境保护管理方式，组建专门的管理人才队伍

随着社会主义市场经济的快速发展，市场竞争愈加激烈，只有坚持科学发展观，积极响应国家节能减排号召的企业才能不断提高自身的市场竞争力，在保障自身在激烈的市场竞争中不被淘汰的同时还能保持经济效益稳步增长。为此，企业必须创新环境保护管理方式，制定切合企业生产实际的环境保护管理制度，组建专门的管理人才队伍。

（二）企业环境保护治理

1. 企业环境保护责任

（1）企业环境责任的界定与内涵

随着企业社会责任理念的认可度不断提升，企业、政府和公民均对企业社会责任表现出了高度的关注，他们认为企业社会责任能够影响到企业与社会之间、企业经营者与其利益相关者之间的关系。因此，企业社会责任通常被定义为，企业在保证和认可利益相关者利益的基础上，尽可能实现经济、社会和环境可持续发展的经营方式，这里的利益相关者包括投资者、客户、员工、业务合作伙伴、社区、环境及整个社会。

企业环境责任这一概念与企业社会责任有着密不可分的关系，有学者直接将企业环境责任视为企业社会责任的一个维度，将其定义为企业履行社会责任的行为中与预防污染和清洁生产有关的部分。然而，随着环境责任的理念在整个社会和生态环境中的重要性日益增长，企业环境责任越来越被视为一个独立的要素。现有研究对于企业环境责任的概念还没有一个明确的界定，大多数研究都将企业环境责任宽泛地理解为企业为了提升生态环境质量而牺牲利润的行为。鉴于环境

保护本质上会与经济增长之间产生相互制衡的固有逻辑，早期学者对于企业环境责任的研究主要是从公共产品的视角对其进行讨论，并提出企业环境责任是政府对环境保护问题干预的补充而不是替代的观点。与之相反，也有学者指出，大多数环境问题其实是生产效率低下的结果，产生这种结果的原因是，环境资源没有得到有效利用。他们还明确了企业这一行为主体在环境治理过程中的重要作用，认为企业可以通过有效的环境管理和清洁生产的战略投资来提高生产效率。在环境保护方面的投资可以为企业在经济和非经济方面带来一定的价值。

（2）企业环境责任对企业的影响

第一，经济影响。企业环境责任的经济影响主要体现在成本和创新方面。在对发达国家的环境责任效果进行研究时，学者们发现企业可以通过承担环境责任降低合规成本、减少浪费、提高效率和生产率，以及在一定程度上避免法律惩罚。企业是创造价值与履行社会责任的统一体，履行社会责任可以促进价值创造目标的实现，企业的环境责任等级越高，其预期价值越大。在经济发展的初始阶段，政府和企业更注重经济增长的数量而不是质量，社会对资源消耗和环境污染的容忍度更高。企业履行环境责任后，不仅得不到激励，还增加了经营成本，使得企业在市场竞争中处于不利地位。然而，随着经济的发展和生态环境的恶化，政府和公众对污染的容忍度不断降低，经济发展越快，公众对生态环境的质量要求就越高。在这种情况下，企业的环境信息披露可以向政府和社会发出履行环境责任的积极信号，能有效地消除信息不对称的问题，帮助企业获得政府的认可和公众的支持，从而在资金获取、产品销售、政府资源利用等方面获得优势。

有关企业环境责任对于经济绩效的影响，学界的研究结论并不一致。有学者认为，企业环境责任对企业的经济绩效能够产生显著的正向影响。承担环境责任能够提高公司的经营效率和环境声誉，增加补贴收入，吸引有环保意识的客户和投资者，最终提高企业的经济绩效。从金融角度来看，承担环境责任并披露环境信息的企业可以获得更高的银行贷款，降低债务融资成本。

此外，承担环境责任的企业还可以解决企业与投资者之间的信息不对称问题，提高股票流动性，降低交易成本和代理成本，对企业的长期估值具有积极正向的影响。研究发现，虽然企业的环境管理对当前绩效的影响可能没有立竿见影的效果，但是能够显著提升下一期的经济绩效。同时研究还发现，自愿的环境信息披露与积极的环境战略相结合可以提升企业价值。在此基础上，有学者的研究扩展了这一结论，提出强制性和自愿性环境信息披露都能给企业带来经济效益，而主动披露带来的效益会比强制披露带来的效益更多。

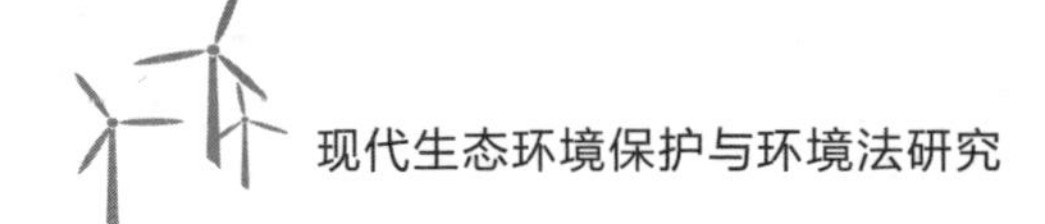

第二，非经济影响。企业环境责任的非经济影响主要体现在企业声誉和竞争优势方面。企业通过承担环境责任可以直接或间接地提升企业声誉。企业声誉被定义为“描述了与其他主要竞争对手相比，该公司对所有关键成员的整体吸引力”，这个定义清晰地说明了企业声誉这一概念是建立在与竞争对手的比较之上的。

对利益相关者来说，他们非常愿意看见企业在环境方面表现得更加积极主动，这些外部驱动力量使得管理者会在保护环境的主动性上比竞争对手做得更好，而这种行为能够提升企业的竞争力。但是对出于竞争动机的管理者来说，他们保护环境的主动性可能更具有象征意义而不是实质意义，这意味着环境责任可以帮助企业获得在声誉方面的优势，但并不能保证将其转化为成本优势。

2.企业环境治理评价指标体系的构建

（1）指标设计原则

系统性原则。企业环境治理评价的最终目的在于系统、全面、客观地披露和解释企业环境治理的投入和效益状况，并以此判断企业经济效益与生态效益的协调性。因此，必须将企业环境治理的制度建设、治理行为、治理效益等各项分析指标有机结合起来，从事前、事中到事后构建一套完整的评价体系，从而系统地评价企业环境治理的综合状况。

相关性原则。企业环境治理的外部性特征使其评价指标体系应考虑以下两个方面的相关性：一是利益者相关，即企业环境治理不仅要关注企业自身的内部环境管理行为，还应由内而外、从上到下全方位地体现企业环境行为的积极性；二是效益相关，即企业环境治理在短期内是一种资本投入，长期而言将会转化为生态效益，构建企业环境治理评价指标体系时要体现经济效益与生态效益的统一。

可计量原则。由于上市公司信息披露的限制，有关环境治理行为的信息及数据的获取难度较大，对企业环境治理行为的评价尚未形成一个标准化和规范化的通用模型。目前，对企业环境治理行为的度量包括投入端和产出端两大类，但现有关于企业环境治理行为的评价多以投入端为关注点，即以企业环保投资指标来定量分析企业环境治理投入。因此，企业环境治理评价指标体系应该同时关注治理的投入端和产出端，保证各项指标能够可靠计量。

（2）企业环境治理相关分析

制度建设分析。制度能够帮助相关人员明确必须做和不能做的事项，指导和约束当事人行为，有利于工作程序的规范化。企业环境治理是一项长期、系统的工作，同样需要制度的指导和约束。

治理行为分析。企业在实施环境治理行为时不仅要投入人力、物力，还要做好财力上的保障。根据上市公司披露的信息，常用以下五个指标来分析企业的环境治理行为：① 污染防治设施正常运作；② 建设项目符合相关要求；③ 按要求开展自行监测；④ 有实施清洁生产；⑤ 有环保资本支出。

治理效益分析。治理效益是企业采取环境治理行为后的结果，包括企业获得的与环境保护相关的荣誉、奖励、补助，但更多体现为企业在环境保护方面的合法合规行为。

三、公民与环境保护——监督与参与

（一）环境保护中的公民监督

1. 公民环境监督权的内涵

公民环境监督权是指公民对于个人、企业或者政府部门的环境违法行为，向有关机关投诉、举报的权利。2014 年修订的《中华人民共和国环境保护法》第五十七条第一款规定："公民、法人和其他组织发现任何单位和个人有污染环境和破坏生态行为的，有权向环境保护主管部门或者其他负有环境保护监督管理职责的部门举报。"同时，该条第二款规定："公民、法人和其他组织发现地方各级人民政府、县级以上人民政府环境保护主管部门和其他负有环境保护监督管理职责的部门不依法履行职责的，有权向其上级机关或者监察机关举报。"

2. 公民环境监督权的行使情况

公民对于投诉、举报方式的选择更倾向于电话举报。电话举报相较网络举报和微信举报，受理率更高。产生这种现象的主要原因是电话举报可以与监督人直接沟通交流。公民投诉、举报数量最多的是空气污染。这是由于大气污染现象的甄别无须技术支撑，公民有能力基于对周边环境的认识判断出环境污染现象。公民对于水污染和噪声污染的举报数量也较多。这两种类型的环境污染也因其不受学历和专业知识的限制而为更多公民所感知。固体废物污染、辐射污染和生态破坏的举报数量相对较少，这是由于对该类环境污染的举报需以一定的辨别能力为基础。

（二）环境保护中的公民参与

公民参与是民主制度的一个重要维度，是当代民主社会、环境可持续发展的基石，对公共政府的产生与监督、公共政策的运作以及公民自治能力的发展具有显著的作用。20 世纪 60 年代中期以来，随着全球环境问题的日益严重、公民能动主义观念的不断增强，传统的专家治国方式论备受挑战，公民参与的领域也逐渐涉及社区发展规划、环境保护计划等。

习近平总书记在十九大报告中明确指出，坚持人与自然和谐共生，坚持节约资源和保护环境的基本国策，实行最严格的生态环境保护制度，构建以政府为主导、企业为主体、社会组织和公众共同参与的环境治理体系，坚持全民共治。由此可见，在环境治理中引入公民参与是社会公众意愿的体现，是政府开展环境治理的必然要求。

1. 公民参与的内涵

公民参与是一种社会活动，参与主体具有相对的广泛性，通过多样的参与方式和手段自下而上地影响社会生活及决策制订。国内学者从不同层次和领域对公民参与进行了定义和解释。俞可平认为，公民参与即公民主动参与社会公共生活的过程。王周户认为，所谓公众参与，是指政府之外的个人或社会组织通过一系列正式的或非正式的途径直接参与到权力机关的立法或政府的公共决策中，它是公众在立法或公共政策形成和实施过程中直接施加影响的各种行为的总和。公民参与主体通过自上而下的制度保障和自下而上的能动参与，有效实现社会公共服务，促进各方的信息沟通与交流，缓解矛盾。

公民参与的定义虽然不尽相同，但都包含三个层面的构成因素，即公民、参与方式和参与范围。公民，在此作为参与主体是一个泛指的概念，包括自然人、企业以及非政府的社会组织。参与方式是公民参与社会活动的手段和途径，公民通过运用合法的技术、手段参与社会活动。参与范围则是公民在法律制度保障机制下参与的公共范畴。公民参与的范畴包括公共社会、经济、文化、政治、环境等各个领域，公民参与最早体现在政治领域，并且在该领域得到了充分的体现。公民参与对民主政治的发展以及民主制度的建立起到了重要的作用。但公民的政治参与只是公民参与范畴内的一个方面，目前，公民参与在环境领域的发展正日趋成熟。随着社会经济的快速发展以及参与技术与手段的不断创新，公民参与将涉及更多的领域。

2. 公民参与环境保护的理论基础

（1）公民参与理论

公民参与理论是政治学的重要组成部分，参与理论的发展与西方国家的民主理论相伴存在。民主理论是公民参与理论的最初模型。20 世纪 90 年代，随着社

会的发展和进步，“协商民主”将公民参与理论推向新的高潮，使其得到了充分的发展和完善。近年来，国内外学者对公民参与的各个领域、层次进行了大量研究，为公民参与的发展奠定了基础。

（2）公共信托理论

当前，环境领域是公民参与活动最活跃的领域。公民参与是环境保护的一项基本原则，其理论基础主要有以下几个方面。

公共信托理论源于罗马法，当时的思想是建立在个人主义基础上的，主要强调人类对环境资源的拥有属性，保障全体公民共同合法利用自然资源的权利。它的核心思想是确保社会公众对特定自然资源的利用，而非保护。公共信托理论最早在美国被运用到环境领域，后发展为环境公共信托理论。

环境公共信托是将具有社会公共财产性质的环境资源的生态价值和精神价值等非经济价值作为信托财产，以全体公民为委托人和受益人，以政府为受托人，以保护环境公共利益为目的而设立的一种公益信托。环境公共信托理论有三个主要因素，即环境资源、政府和社会公众，其基本内涵有以下几个方面：首先，环境资源对社会公众来说是普遍存在的共同财产，属于人类的共享资源，而非私人财产；其次，社会公众对环境资源所享有的权利和利益是平等的，并有权监督政府履行其保护环境资源的义务；最后，政府有责任和义务约束和限制某些损害他人享受权利的个人活动，以实现管理和保护环境资源等公共财产的目的。

约瑟夫·萨克斯教授所提出的环境公共信托理论，强调了政府与社会大众的沟通机制，既规定政府要有效约束公民的行为，又要求公民参与环境资源监管。该理论实现了政府与公民之间信息传递的畅通，为公民参与保护环境资源等公有财产提供了有力的理论依据，并得到了众多国家的广泛认可。该理论在许多国家的宪法、环境法、环境政策中得到了不同程度的贯彻。环境公共信托理论是公民参与环境治理的一项重要理论依据。

3. 环境保护中公民参与的意义

环境治理过程中的公民参与，是公民与政府相互沟通、协调的过程。主动、积极的公民参与有利于提高公民对环境保护政策和政府改革措施的理解和认知程度，促进环境保护决策与项目的执行、实施，增强公民的主人翁意识与自豪感；有助于及时反馈有效信息，实现政府与公民的良性互动；有助于节约政府成本，提高工作效率，提高公民对政府环境保护工作的满意度。

第二节　生态环境保护可持续发展的策略

一、环境保护与可持续发展

（一）可持续发展的概念

可持续发展是人类社会非常想实现的一种发展方式，许多国家和地区都在自觉或不自觉地以这种模式为发展目标。可持续发展的理念由《世界自然保护大纲》率先提出，并定义为“可以提高人类的生活质量”，但是不要求生态系统能够支持发展。1987 年有学者提出，所谓的可持续发展就是同时兼顾当代和未来的发展方式。1989 年联合国环境署发布的《关于可持续发展的声明》指出，在满足当代人需要的同时，又不会对后代发展造成阻碍的发展方式就是可持续发展。2015 年，联合国提出了涉及全球经济、社会、环保的变革和转型的可持续发展目标，强调了共同参与、合作包容的伙伴关系。

由此可见，可持续发展指有效地利用资源和生态要素，在不超出生态承载能力的情况下有效地满足人类需要，也就是要以最小的自然生态消耗换取最大的人类福祉。

（二）环境保护的概念

随着我国生态文明建设理念的深入发展，传统的环境保护概念已悄然发生改变。对环境进行保护不再是片面地保护自然资源和改善环境质量。新时代的环境保护的理念和主要内容更多的是指改变资源短缺、污染严重、生态系统退化的严峻形势，兼顾经济效益与环境效益。党的十九大报告中对我国未来的生态环境保护相关工作规定了更加明确的任务与目标。

环境保护观念是一种思想意识，环境保护即在法律、行政、科学技术等方面采取有效措施，保护人类的生产生活环境；同时采取有效措施对环境进行改善、保护，建设生态文明型社会。环境保护最重要的是做好两方面工作：一是环境质量的提升，二是自然资源的合理、高效利用。环境保护的最终目的，即为人类的生产生存提供更好的环境条件，促进自然资源的恢复与再利用。

1. 环境保护的急迫性

环境为人类的生存与发展提供了必要的资源条件，随着社会的不断发展，人类的各项活动对环境造成了严重影响，而且很多影响是不可逆的。全球变暖、海平面上升等全球范围的共性环境问题已经老生常谈，以国内为例，近年来自然灾害数量不断增加，给人民群众的生命财产安全带来了巨大威胁，也让人们深刻意识到环境保护的迫切性。总而言之，环境保护一直是社会关注的焦点性话题，尤其是在近年来自然灾害发生的频率不断增加的情况下，环境保护工作已经刻不容缓，限塑令、垃圾分类等政策的先后实施，充分显示了我国大力推进环境保护工作的决心。

2. 环境保护的创新思路

随着环保工作的不断推进，环境保护意识已经逐渐深入人心，但从结果上看，环境保护工作的力度仍然需要加强。如何加强环境保护工作力度，需要结合当下的时代背景，不断创新环保工作方式。

（三）可持续发展战略实施的意义

我国从 1995 年便提出并实施了可持续发展战略，这充分体现了我国政府和人民对全球生态环境家园的深切关注，我们清晰地认识到：我国走欧美国家“先污染、后治理”的老路行不通，我国必须要走出一条新的可持续发展道路。天育物有时，地生财有限。人类来自自然、依赖自然，所以必须学会尊重自然、顺应自然，保护自然。如果我们不断触碰自然生态的边界和底线，就会遭到大自然的报复。

二、运用可持续发展策略解决环境问题

（一）加强环境污染治理

环境治理是一个庞大的系统工程，加大对环境污染的控制力度，是我国推进可持续发展战略的核心任务之一。

1. 以解决损害群众健康的突出环境问题为重点

随着人民群众环保意识的不断提高，我国几十年发展过程中遗留下来的生态环境问题日益凸显出来，严重影响了人民群众的身体健康，引起了社会的强烈不满。

因此，我们应该加强对环境污染的综合治理，加强对臭氧和细颗粒物

（PM2.5）等重点污染物的防治。同时全面推行“双随机、一公开”机制，组织专项执法行动，严厉查处各类违法行为和个别地方违规干预环境执法的行为。

2. 构建政府、企业、社会组织和公众共同参与的环境治理体系

加强生态环境保护和污染治理需要政府、企业和公众的共同参与，实行社会共治。污染治理不能只靠政府，普通民众才是污染防治的主力军，人人都是情报员，这才是治理环境污染的“神器”。

（二）提升公民的生态环境保护意识

保护人类赖以生存的环境，做保护环境的践行者是每个公民的责任。政府应提升公民的环保意识，倡导绿色低碳消费与出行，积极鼓励引导消费者购买环保家具、建材等产品。只有社会各个阶层均认识到生态环境保护以及可持续发展的重要意义，思想层面有保护生态环境的意愿，我们的生存环境才会越来越好。

参考文献

[1] 陆远如. 新农村建设中的经济发展与环境保护和谐演进研究 [M]. 北京：中国经济出版社，2014.

[2] 任亮，南振兴. 生态环境与资源保护研究 [M]. 北京：中国经济出版社，2017.

[3] 王海芹，高世楫. 生态文明治理体系现代化下的生态环境监测管理体制改革研究 [M]. 北京：中国发展出版社，2017.

[4] 黑亮. 岩溶地下水资源开发利用与饮水安全保障 [M]. 郑州：黄河水利出版社，2017.

[5] 梁志峰，唐宇文. 生态环境保护和两型社会建设研究 [M]. 北京：中国发展出版社，2019.

[6] 杨波. 水环境水资源保护及水污染治理技术研究 [M]. 北京：中国大地出版社，2010.

[7] 龙凤，葛察忠，高树婷，等. 环境保护市场机制研究 [M]. 北京：中国环境出版社，2020.

[8] 肖瀚，唐寅，李海明. 沿海地区常见水文地质灾害及其数值模拟研究 [M]. 郑州：黄河水利出版社，2019.

[9] 刘兆香，焦正，杨琦，等. 中国大气污染防治技术推广机制与模式 [M]. 上海：上海大学出版社，2020.

[10] 王夏晖，李志涛，何军. 土壤污染防治方案编制技术方法及实践 [M]. 北京：中国环境出版社，2020.

[11] 胡雁. 基于大数据技术的环境可持续发展保护研究 [M]. 昆明：云南科学技术出版社，2020.

[12] 宋继碧. 新时代环境法治的生态化转型思考 [J]. 成都行政学院学报，2019（06）：4-10，28.

[13] 史丕功. 环境法保护视角下企业废水排放的环境责任研究 [J]. 环境科学与管理，2019，44（09）：46-49.

[14] 刘卫先. 环境风险类型化视角下环境标准的差异化研究 [J]. 中国人口·资源与环境, 2019, 29 (07): 121–130.

[15] 徐以祥. 论我国环境法律的体系化 [J]. 现代法学, 2019, 41 (03): 83-95.

[16] 朱敬知. 低碳经济发展与生态环境保护法律探析 [J]. 今日财富 (中国知识产权), 2019 (02): 219.

[17] 肖晓歌. 国际环境法对我国生态环境化发展的影响研究 [J]. 产业创新研究, 2020 (08): 57–59.

[18] 鄢德奎. 中国环境法的形成及其体系化建构 [J]. 重庆大学学报 (社会科学版), 2020, 26 (06): 153–164.

[19] 柏图南. 国际环境法对我国生态环境化发展的影响研究 [J]. 法制博览, 2020 (03): 90–91.

[20] 吕忠梅. 论环境法的沟通与协调机制: 以现代环境治理体系为视角 [J]. 法学论坛, 2020, 35 (01): 5–12.